Ulrich Safferling

101 Dinge die man über Youngtimer wissen muss

Inhalt

Auf Klassikmessen stehen Old- und Youngtimer sowie Neoklassiker schon lange nebeneinander.

Die erste Mazda MX-5-Serie ist bereits ein Oldtimer – die zweite ein Youngtimer.

Boxster-Jahrgänge – der älteste ist ein Youngtimer

Mehr als nur alte Autos!

Mein erstes Auto war ein 68er Opel Kadett B Coupé: 16 Jahre alt und für meine Eltern, den örtlichen Opel-Händler und die Schulfreunde nicht mehr als ein trauriger Haufen Blech – mit TÜV und Rost gesegnet. Aber: ein Auto mit Charakter. Nur, ein Youngtimer konnte er damals nicht sein – es gab den Begriff noch gar nicht.

Danksagung
Für Jan und Bernd, ohne deren Freundschaft dieses Buch nicht möglich gewesen wäre.

Die einzige Anerkennung gab es 1984 beim Bockhorner Oldtimermarkt – da durfte ich auf die Wiese zu den Klassikern fahren, weil mein Auto eindeutig alt und eine Rarität war. Willkommen im Altauto-Klub! Erst Ende der 1990er tauchte der Begriff Youngtimer auf. Ein Codewort für spannende alte Autos, die keine Oldtimer waren. Oder sein wollten.

Es ging vielmehr um automobile Faszination. Nicht um Historie, Tradition, Kultur. Sondern um Emotion. Zum kleinen Preis einen alten Achtzylinder oder einen abgewirtschafteten Sportwagen fahren zu können. Kleine Autos mit großen Motoren, seltene Modelle mit innovativer Technik, Exoten mit Luxusausstattung, das sind bis heute Youngtimer-Themen. Oder um es mit Marius Brune von Classic Data zu sagen – es geht um coole Karren!

War vor 20 Jahren der Youngtimer in aller Munde, so ist er heute eine Art Mirakel. Nicht fest definiert, nicht offiziell anerkannt und – nicht mehr aktuell, denn die Youngtimer von damals sind nicht mehr die Youngtimer von heute. Aber immer noch ein Bindeglied zwischen den Autos von heute und denen von gestern. Und noch viel mehr, ein Lebensgefühl!

Denn ein Youngtimer-Fan bewahrt nicht einfach ein altes Auto auf. Er lebt es. Aus Liebe zum Blech. Aus Faszination zur Technik. Aus Leidenschaft fürs Design. Und das in jeder Generation. Deshalb ist dieses Buch den neuen Youngtimern gewidmet. Den aus den 1990ern, die zwischen 20 und 30 Jahre alt sind. Und die noch nicht die Anerkennung erfahren, wie die längst abgelaufene Generation der 1970er- und 1980er-Jahre. Noch nicht oder nicht mehr? Willkommen, die Diskussion ist eröffnet.

Luzern, im Sommer 2022 *Ulrich Safferling*

Wer hat’s erfunden?

1

Claus Mirbach

Der Name Claus Mirbach ist in der Klassik-Szene wohlbekannt. Denn der Hamburger begann schon Ende der 1950er-Jahre mit dem Handel von alten Sportwagen. »Damals sprach niemand von Classic Cars oder gar Oldtimern«, sagt der heute 84-Jährige. »Das waren einfach alte Autos, die sonst niemand haben wollte und die mir angeboten worden sind.« Und um dem Kind einen Namen zu geben, sprach Mirbach von »Oldtimern«. Ein Terminus, den die englische Szene so nicht versteht. Und der vielleicht deshalb im Duden steht (Kapitel 3).

Jungwagen statt Youngtimer

»Ich hatte es nicht so mit dem Englischen«, gesteht Claus Mirbach. »Aber weil es keinen Begriff für das gab, was ich machte, nannte ich diese Autos einfach Oldtimer. Und bisher hat niemand behauptet, es vor mir getan zu haben.« Fast 50 Jahre später folgte dann Mirbachs zweiter Streich. »Damals kümmerte ich mich um die jüngeren Oldtimer, die aber auch schon 20 Jahre oder älter waren. VW führte seinerzeit den Begriff ›Jungwagen‹ ein für seine Jahreswagen und sehr junge Gebrauchte. Daraus leitete ich den ›Youngtimer‹ ab, den jungen Oldtimer.«

Nachwuchs-Oldtimer gesucht

Damit will sich nicht jeder abfinden und es finden sich in Internetforen Hinweise wie diese: »Es gab nie Youngtimer, es gibt keine Youngtimer und es wird nie welche geben. Das ist alles nur ein Marketing-Gag«, schreibt Onkel Howdy auf passat35i.de. Nun ja, dann macht das Marketing der Autohersteller aber nicht viel aus dem Begriff, den es losgetreten haben soll. Was es unwahrscheinlich macht, dass dort der Begriff erfunden wurde. Viel wahrscheinlicher ist, dass viele aus der Szene ein Wort für ihre »noch-nicht-Oldtimer« suchten.

Klassik-Händler Claus Mirbach begründete den Begriff Youngtimer – vor mehr als 20 Jahren.

Der Begriff lag in den 1990er-Jahren quasi in der Luft, als über das rote Wechselkennzeichen auch Nachwuchs-Oldtimer, ergo Youngtimer, zugelassen werden konnten. Auch bei der »Auto Bild« machte man sich zur gleichen Zeit Gedanken und erfand das Magazin »YoungTimer«, das aber nie in Serie ging (siehe Seite 136). »Wir waren uns nicht mal über die Schreibweise sicher«, erinnert sich Ex-Textchef Karl-August Almstadt. »Und schrieben Youngtimer mit einem großen T in der Mitte. Klar war nur, man musste etwas tun, um diese Autos zu retten.«

Und so wurde »Youngtimer« fast zu einem Kampfbegriff, um selbige vor der drohenden Besteuerung als Nicht-Kat-Modelle zu schützen. Seitdem ist das Wort aus der Szene nicht mehr wegzudenken, wenn es um Autos geht, die noch nicht historisch genug für den Klub Ü30 sind. »Das ist ja immer so. Einer setzt es in die Welt, es verselbstständigt sich und wird zum geflügelten Begriff«, sagt Mirbach. Nur im Duden ist der Youngtimer-Begriff noch nicht angekommen – aber der ist ja auch nicht so alt wie der des Oldtimers.

Mehr Infos
www.mirbachhamburg.de

Stilblüte Youngtimer

2

Kunstwort für Kulturgut

Der Begriff Youngtimer ist genauso wie der Oldtimer eine Erfindung von Händler Claus Mirbach. Beide Begriffe sind sogenannte Scheinanglizismen, sprich, sie klingen englisch und sind aus englischen Wörtern zusammengesetzt, sind aber in dieser Form im englischen Wortschatz unbekannt – oder sogar missverständlich. Denn der »Oldtimer« ist ein Veteran oder »jemand von der alten Garde«, wie das Pons-Wörterbuch aufklärt. Ein klassisches Auto heißt korrekt »classic car«.

Folgerichtig ist »modern classic« der mittlerweile geläufige Begriff im Englischen für den hierzulande sogenannten Youngtimer. Trotzdem hat der Begriff sich in den vergangenen Jahrzehnten beständig durchgesetzt und der DEUVET als Klassik-Bundesverband hat ihn 2019 sogar in den Vereinsnamen aufgenommen. Auch die FIVA als internationale Klassik-Instanz kennt und nennt den Youngtimer und sorgt damit auf der weltweiten Bühne für eine stärkere Akzeptanz des Wortes.

International auf dem Vormarsch

Als Doppelpass zum Oldtimer passt noch besser »Newtimer«, doch dieser Begriff wird nur selten verwendet und hat sich nicht ansatzweise so durchgesetzt wie der Youngtimer. Er wäre allerdings aus englischer Sicht auch nicht glücklicher, sondern ebenfalls ein reiner Kunstbegriff, der erklärungsbedürftig wäre. Für ihn ist es definitiv zu spät. Dafür scheint der »Youngtimer« selbst international durchaus salonfähig zu sein.

Nach dem deutschen Magazin-Titel »Youngtimer« lancierte das Magazin »Ruoteclassiche« in Italien ab 2018 sein eigenes Heft »Youngtimer« und in Frankreich entstand »Youngtimers«. Das Kunstwort ist damit auf dem besten Weg zum anerkannten Gattungsbegriff über die Landesgrenzen hinweg. Nur der deutsche Duden ignoriert es. Noch.

Mehr Infos

www.motorpresse.de/youngtimer
www.youngtimers.fr
https://ruoteclassiche.quattroruote.it

Definitionsfrage

3

Was ist ein Youngtimer?

Für eingefleischte Oldtimerfans ist ein Youngtimer nicht mehr als ein alter Gebrauchtwagen. Die Akzeptanz für die 1980er- und 1990er-Generationen wächst nur langsam.

Man mag es kaum glauben: Der Begriff Youngtimer ist nicht gesetzlich definiert. Und damit auch nicht, wie alt er sein muss. Warum? Weil es für den Staat keinen Grund gibt, das zu tun. Im Gegensatz zum Oldtimer, der 30 Jahre nach Erstzulassung steuerlich begünstigt werden kann. Ein Youngtimer ist für Behörden nichts weiter als ein normales, gebrauchtes Auto.

Gemäß Paragraf 2.22 der Fahrzeugzulassungsverordnung (FZV) sind Oldtimer »Fahrzeuge, die vor mindestens 30 Jahren erstmals in Verkehr gekommen sind, weitestgehend dem Originalzustand entsprechen, in einem guten Erhaltungszustand sind und zur Pflege des kraftfahrzeugtechnischen Kulturgutes dienen.« Es gibt ein Mindestalter für Oldtimer – aber keines für Youngtimer.

Regelung? Fehlanzeige!

Was ein Youngtimer ist, war auch nie geregelt, wie Wikipedia uns glauben machen möchte. Dort wird behauptet, dass »Pkw von 20 bis 30 Jahren gemäß 49. Ausnahmeverordnung zur StVZO als Youngtimer« bis 2007 galten. Der Begriff Youngtimer findet sich aber gar nicht in dieser Verordnung zum roten 07er-Kennzeichen. Dort waren nur »Oldtimer-Fahrzeuge« erwähnt. »Das haben die Zulassungsbehörden sehr unterschiedlich und nach eigenem Gusto ausgelegt«, sagt Götz Knoop, Fachanwalt für Verkehrsrecht und Oldtimer.

Fachanwalt Götz Knoop kennt die alte Youngtimer-Problematik: »Es fehlte einfach immer ein gesetzlich definierter Begriff.«

Und deshalb versteht den Youngtimer jeder ein bisschen anders. Nach 15, 20 oder 25 Jahren wird ein Auto ein Youngtimer, so die vielfältigen Sichtweisen in der Klassik-Szene. Sind Youngtimer also völlig definitionsfrei? Nein, und hier hilft die höchste Instanz für Klassiker aller Art, die Fédération Internationale des Véhicules Anciens (FIVA): Neben der Identity Card für Oldtimer gibt es neuerdings ein »Youngtimer Registration Document« mit speziellen Anforderungen:

- Sie sind mindestens 20 Jahre, jedoch weniger als 30 Jahre alt,
- entsprechen weitestgehend dem Originalzustand,
- sind in einem guten Erhaltungszustand und
- dienen zur Pflege des kraftfahrzeugtechnischen Kulturgutes.

In ähnlicher Form hatte sich ebenfalls der Parlamentskreis Automobiles Kulturgut (PAK) im Deutschen Bundestag 2015 geäußert und weitere Merkmale genannt:

- Liebhaberfahrzeug,
- intensiv gewartet und gepflegt,
- mit geringer Jahreslaufleistung,
- in der Regel ein Freizeitauto.

Mehr Infos

www.kulturgut-mobilitaet.de
www.gesetze-im-internet.de

Schicksalsfrage

4

Sind Youngtimer Klassiker?

Definiert man Klassiker als Oldtimer ab 30 Jahre, ist die Frage schnell beantwortet, ob Youngtimer auch Klassiker sind – natürlich nein. Aber das greift zu kurz, denn wir kennen ja den Begriff des »rollenden Kulturguts«, der dem Klassiker zugrunde liegt. Und: Wir sprechen hier nicht von Gebrauchtwagen, die reif für die Schrottpresse sind. Wer würde einen 20-jährigen Porsche 911 schon wegwerfen? Eben. Also muss die Antwort genauso »ja« lauten, Youngtimer sind auch Klassiker – im weiteren Sinne, wenn man spitzfindig sein möchte. Voraussetzung sind klassische Tugenden wie Seltenheit, Sammlerstatus und besonders Technik-Meilenstein, wie der DEUVET sogar in seiner Satzung betont. Deshalb verwendet man gerne den Begriff des Neo-Klassikers, der altersmäßig praktisch keine Grenze kennt und quasi nach dem Tag der Erstzulassung entsteht. Ein Klassiker von übermorgen. Genauso ist ein Youngtimer selbstredend ein Klassiker von morgen.

Kulturgut ohne Wenn und Aber

Denn ohne die kann es keine neuen Klassiker geben. Und deren Menge ist nicht begrenzt oder auf eine Zeit limitiert – denn sie schreiben ja Automobilgeschichte fort. Die braucht es, denn das rollende Kulturgut definiert ja nicht nur technische Errungenschaften bis 1970, sondern auch danach. Selbst wenn es merkwürdig erscheinen mag oder dem einen oder anderen nicht schmeckt: Die elektronische Revolution im Auto Ende der 1990er-Jahre war ein großer Entwicklungsschritt wie der Quermotor mit Frontantrieb in den 1970ern oder der Katalysator in den 1980ern.

Anerkannt hat das der DEUVET, der ab der Gründung 1976 »Arbeitsgemeinschaft der deutschen Fahrzeug-Veteranen- und Markenclubs« hieß und sich 2019 umbenannte in »DEUVET – Bundesverband Oldtimer – Youngtimer e. V.« Das ist nicht nur eine Reaktion auf Nachwuchssorgen, sondern die Anerkennung, dass neues Kulturgut jeden Tag entsteht. Denn jeder Youngtimer wird ein Oldtimer, früher oder später. Doch ohne Youngtimer fehlt der Link zur nächsten Generation. Und der ist unverzichtbar.

Mehr Infos
www.deuvet.de

Sammlerstolz

5

Hier gibt's noch Potenzial

Oldtimer-Sammler gibt es viele, und je bedeutender die Sammlung, umso größer sind Ruf und Bekanntheit. Youngtimer-Sammler sind dagegen selten zu treffen, sofern wir nicht von den Freunden sprechen, die Supercars zu ihrem Steckenpferd gemacht haben. Doch normale Youngtimer im fünfstelligen Euro-Bereich, wer wollte das sammeln? Es sähe eher aus wie eine Gebrauchtwagen-Ausstellung.

Dass aktuelle Youngtimer der 1990er-Jahre nicht nach Sammelgut aussehen, hat etwas mit den Auto-Designern zu tun. Alles vor 1970 sieht noch eher rundlich und barock aus, da erkennt selbst der Laie, dass dies ein älteres Auto ist. Ab den 1970ern und der Generation Golf wird's kantiger und moderner, ab den 1990ern windschlüpfiger und gleichförmiger. Und da gutes Design gern als »zeitlos« tituliert wird, fallen 3er-BMW aus der Zeit nach 2000 im Straßenbild nur Kennern als Youngtimer auf.

Der Weg zum Liebhaberauto

Dennoch sind Youngtimer Sammlerstücke oder sogar Raritäten, wie »Auto Bild« schon vor 20 Jahren in einer regelmäßigen Rubrik feststellte. Was sich damals auf Autos der 1970er-Jahre bezog. Gleiches gilt für die heutige Generation Youngtimer. Natürlich nicht für jedes Modell, aber die Vielfalt der 1990er hat so manches schöne Modell hervorgebracht, das als Kulturgut gewürdigt werden kann. Denn eins ist sicher – Raritäten vermehren sich nicht. Das macht sie aber nicht automatisch zur Wertanlage. Zumindest nicht zu einer kurzfristigen, aber das sagt man über Aktien auch.

Sammlerstolz entsteht, wenn aus einem Alltagsauto ein Liebhaberfahrzeug wird. Allein die Änderung der Nutzungsweise macht aus einem Gebrauchtwagen ein Samm-

Besonders bei den BMW 3er-Baureihen verwischen optisch die Grenzen zwischen Old- und Youngtimer – das Design ist »zeitlos«.

lerauto, resümiert das Klassik-Portal »Zwischengas« in der Schweiz. Das Auto bekommt in den Augen des Besitzers einen anderen Status, weil es nicht mehr alltäglich genutzt, sondern gepflegt und bewahrt wird. Und damit ist der erste Schritt in Richtung Oldtimer getan, denn ein Youngtimer wird nicht zufällig 30 Jahre alt – sondern von einem Sammler entwickelt, der das Klassik-Potenzial erkennt.

Mehr Infos
www.zwischengas.com

Youngtimer-Kult

6

Schuld ist die StVZO

Niemand hat in den 1980er-Jahren von Youngtimern gesprochen. Das Wort gab es nicht, die Definition gab es nicht und niemand hat sich für diese Altautos interessiert. Selbst Händler wie Claus Mirbach (Kapitel 1) und Autoliebhaber kümmerten sich damals nur um historische Autos, aber nicht um heruntergewirtschaftete 15 oder 20 Jahre alte Karren.

Das änderte sich Anfang der 1990er-Jahre, als die schadstoffabhängige Besteuerung von Autos eingeführt wurde. Grund: Das Waldsterben durch sauren Regen als Folge schwefelhaltiger Abgase hatte die erste große Auto-Diskussion angestoßen. Damit drohte älteren Autos ohne Katalysator aufgrund höherer Besteuerung die beschleunigte Fahrt zum Schrottplatz. Etwas, was politisch gewollt war.

07er-Kennzeichen als Rettungsring

Als »Stinker« galten auf einmal alle Autos ohne Kat – und das waren die meisten inklusive wertvoller Oldtimer. Doch die Szene reagierte schnell. Noch vor der Einführung des rettenden H-Kennzeichens 1997 setzte der Oldtimerverband DEUVET mit seiner Lobbyarbeit 1994 die Einführung des roten Wechselkennzeichens durch, das hinter dem Ortskürzel mit dem Code »07« beginnt. Damit ließen sich mehrere »Oldtimer-Fahrzeuge« auf einem Sammelkennzeichen steuerlich vergünstigt weiterbewegen.

Der unpräzise, manche sagen nachlässige, Wortlaut dieser 49. Ausnahmeverordnung der StVZO zu »Oldtimer-Fahrzeugen« gab Zulassungsbehörden wie Landkreisen und kreisfreien Städten einen Ermessensspielraum, was alles zulassungsfähig war. Denn das

Statt Klimawandel wurde in den 1980ern über das Waldsterben diskutiert – Autos ohne Katalysator, die damaligen Youngtimer, sollten von der Straße verschwinden.

Fahrzeugalter war nicht verbindlich geregelt. Und so wurde die Verordnung nicht nur auf Oldtimer im heutigen Sinne angewendet, sondern auf vieles mehr, was in den Augen des Sachbearbeiters vor Ort schon historisch oder wertvoll oder selten war.

Das rote 07er-Kennzeichen für Sammler erwies sich von 1997 bis 2007 als rettende Zulassung für Youngtimer.

Das rettete nicht nur Oldtimer, sondern auch jüngere Fahrzeuge, für die es damals bereits schon Liebhaber gab. Und das sprach sich in der Szene schnell rum und so wurde die »07« zum Rettungsring für nicht ganz so alte Fahrzeuge, die als Youngtimer bekannt und populär wurden. Letztlich hat der Gesetzgeber ungewollt diesen Kult damals gefördert.

Da das behördliche Ermessen sehr unterschiedlich ausgelegt wurde und folgerichtig ungewollte Blüten trieb – so retteten Studenten ihre rostreifen Käfer und Enten vor der Stilllegung – wurde das Prozedere 2007 gestoppt. Es galt Bestandsschutz für die bereits angemeldeten Youngtimer, neue konnten nicht mehr auf »07« angemeldet werden. Doch das ist für die neue Autogeneration der 1990er auch kein Thema mehr. Nur der Kult, der ist geblieben. Und neue Youngtimer sind gekommen, die manchmal so genannt werden. Und manchmal nicht.

Autos ohne Katalysator standen am Umwelt-Pranger. Ihnen drohte via massiver Steuererhöhung der Schrottplatz. Das 07- und das H-Kennzeichen wurden zum Rettungsschild.

Mehr Infos
www.deuvet.de
www.bundesfinanzministerium.de

Reifeprüfung

7

Wie alt ist ein Youngtimer?

Eine offizielle Altersgrenze für Youngtimer gibt es nicht – denn es gibt ja auch keine gesetzliche Regelung, die ein Mindestalter festschreibt. Allerdings haben sich vor allem zwei Definitionen verfestigt: 15 und 20 Jahre. Letztere wird meist verwendet und lässt sich leicht merken: Mehr als zehn Jahre sind die Autos in Deutschland im Durchschnitt alt, wie das Kraftfahrt-Bundesamt (KBA) für 2021 festgestellt hat. Und nach 30 Jahren ist die Zulassung als Oldtimer möglich. Dazwischen liegt die 20-Jahres-Grenze für den gesetzlich nicht definierten Youngtimer – eine passable Eselsbrücke.

Das bedeutet zugleich: Diese Grenze ist willkürlich. Und man kann das auch anders handhaben, wie z. B. die Allianz Versicherung: Schon ab 15 Jahren gibt es einen Youngtimer-Tarif, wenn das Fahrzeug Sammlercharakter hat. Den gesteht man Modellen zu, die besonders exklusiv, teuer und selten sind.

Autos über 30 Jahre sind offiziell als Oldtimer anerkannt – für Youngtimer gibt es keine festgelegte Altersgrenze.

Schon ab einem Fahrzeugalter von 15 Jahren erkennen einige Versicherer exklusive, teure oder seltene Modelle als Youngtimer an und gewähren günstige Prämien.

Eine akademische Frage

Die Grenze von 20 Jahren hat sich durch die einstige Verwaltungspraxis der Zulassungsbehörden entwickelt. Denn bis 2007 konnte das rote 07-Wechselkennzeichen auch für Fahrzeuge unter 30 Jahren vergeben werden. Der Autor erinnert sich noch an seinen Antrag in Hamburg Ende der 1990er-Jahre für einen eher rostigen 70er-Jahre-Käfer. Die Sachbearbeiterin warf einen (!) Blick aus dem Fenster, befand den 20-jährigen Käfer für Kulturgut und erteilte das Kennzeichen.

Auf diese und ähnliche Weise wurden vielfach jüngere Fahrzeuge zugelassen. Selbst die FIVA setzte damals nur 25 Jahre Mindestalter für einen Oldtimer voraus. Erst die Verordnungsänderung zum roten Kennzeichen 2007 beendete die liberale Praxis und manifestierte die Grenze von 30 Jahren für Oldtimer – der Youngtimer blieb draußen vor. Und so bleibt die Reifeprüfung für Youngtimer bis heute eine eher akademische Frage, die jeder Klub, jeder Rallye-Veranstalter und jede Versicherung für sich selbst entscheiden kann.

Mehr Infos
www.adac.de
www.allianz.de

Faktenhuberei

8 Youngtimer, eine Millionenflotte

Youngtimer können per se nicht aussterben, auch wenn das manchmal behauptet wird (siehe Kapitel 15). Denn jedes Jahr überrollen neue Modelle die 20-Jahres-Grenze und sind damit nach inoffizieller Definition Youngtimer geworden. Das gleiche gilt übrigens für Oldtimer – die Zahl wächst ebenfalls automatisch, weil jedes Jahr in Deutschland bis zu 70 000 Youngtimer ins Oldtimerlager hinüberwechseln.

Der Schwund von 70 000 Youngtimern über die 30-Jahres-Grenze hinweg – es zählt das Datum der Erstzulassung – ist übrigens nur ein begrenzter Aderlass. Denn nicht alle Fahrzeuge in diesem Alter werden als Oldtimer zugelassen. Die Classic-Studie von BBE Automotive 2020 kommt zu dem Ergebnis, dass nur rund die Hälfte aller über 30-jährigen Fahrzeuge mit H-Kennzeichen zugelassen ist. In jedem Fall sind heutzutage in Deutschland mehr Youngtimer (> 1 Mio.) als Oldtimer (< 1 Mio.) unterwegs.

Eine Million Youngtimer

Das Kraftfahrtbundesamt registriert jedes Jahr seit 2015, dass 300 000 Autos und mehr älter als 15 Jahre werden – der früheste Zeitpunkt, ab dem man von Youngtimern spricht. Davon schaffen es natürlich nicht alle über die 20- oder später die 30-Jahres-Grenze, denn mit jedem Jahr gibt es Schwund. Sie landen im Ausland, werden durch Unfälle dezimiert oder einfach zustandsbedingt verschrottet. Trotzdem fahren heute rund acht Millionen Autos im Alter von 15 bis 30 Jahren auf deutschen Straßen – aber nur jeder achte hat Youngtimer-Qualität, schätzt BBE Automotive. Und Marius Brune von Classic Data sieht nicht mal das: »Ob es so viele sind, bezweifle ich. Vermutlich sind es noch viel weniger. Wie viel, ist schwer zu sagen.«

Doch ob eine Million oder nur 500 000 Youngtimer-Potenzial haben, eins ist sicher – es werden immer mehr. Grund: Die Autos halten immer länger und die Zulassungszahlen stiegen

Bis zu acht Millionen Autos sind in Deutschland heute bereits älter als 15 Jahre – und damit potenzielle Youngtimer.

vor 15 und 20 Jahren immer weiter an. Ergo: Je größer die Ausgangsmenge, umso größer die Zahl der Überlebenden. Was nicht bedeutet, dass proportional genauso viele Youngtimer mehr auf der Straße stehen. Nur besondere Modelle haben das Potenzial. Nicht der Basis-Golf, sondern der GTI gibt den Ton an. Wobei auch der Erhalt eines Brot-und-Butter-Autos aller Ehren wert sein darf, aber eben nicht jene Begehrlichkeit auslöst, die ein Youngtimer hat.

Und dieser Nachwuchs ist nötig. Denn die Youngtimer von gestern sind die Oldtimer von morgen. Und genauso ein Stück Zeitgeschichte wie ihre Vorgänger. Das ist der Lauf der Zeit und das ist gut so, denn das bringt frisches Blut in die Szene, die sonst an Überalterung sterben würde. Und die Szene weiß es – auch wenn sie es manchmal nicht zugeben mag.

Mehr Infos
www.bbe-automotive.com
www.kba.de
www.classic-data.de

Youngtimer-Käufer

Das unbekannte Wesen

9

Ein Autokauf ist immer eine emotionale Sache. Selbst wenn die Emotion vor allem darin besteht, dass ein Konto geplündert wird. Wer nur einen der berühmten Tropfen Benzin im Blut hat, wird immer einen Traumwagen wollen. Ganz gleich, ob es neu oder gebraucht, ein Old- oder Youngtimer ist – Emotion ist der Auslöser, Leidenschaft der Antrieb.

»Youngtimer-Käufer sind in jedem Fall Individualisten«, sagt Klassik-Händler Claus Mirbach. Denn so viel ist klar – die Design-Vielfalt früherer Jahre ist dahin. Was sicher noch mehr in den 1970ern und 1980ern galt, aber in den letzten 20 Jahren immer mehr verschwunden ist. Was unweigerlich die Frage aufwirft, ob Youngtimer aussterben werden. Doch bleiben wird immer eins – Youngtimer sind alltagstauglich. Man hat weniger Scheu, schnell mal ein paar Kilometer zu fahren, als mit einem älteren, komplizierteren und mutmaßlich teureren Auto. Man steigt einfach ein und fährt – und genießt sein Anders-unterwegs-Sein.

Modelle der Kindheit

Bei Klassikern gibt es vor allem zwei Kaufgründe: Der Traumwagen, den man sich in jungen Jahren nicht leisten konnte – was meist bedeutet, Auto und Käufer finden erst im fortgeschrittenen Alter zueinander. Oder das Auto der Kindheit, mit dem man persönliche Erinnerungen verknüpft. Das kann im Falle eines Youngtimers schneller erschwinglicher sein als bei einem Oldtimer mit einem bereits gefestigten Marktwert.

Denn in der tiefen Klassikszene sprechen wir von einer Zielgruppe von 50+ oder gar 60+. Weil das so ist und allen bewusst ist, nimmt man die Youngtimer und ihre jüngeren Fahrer seit einigen Jahren in den Klubs und Verbänden ernst. Und verbindet damit Nachwuchs-Hoffnung: Über Youngtimer den Einstieg zu finden und damit die nächste Klassik-Generation zu begeistern. Hermann Layher, der Prä-

Oldtimer fahren alte Menschen, Youngtimer junge? Ganz so einfach ist es nicht. Viele erfüllen sich aber 20 Jahre nach dem Führerscheinerwerb den einst unerreichbaren Jugendtraum.

sident vom Technik Museum Sinsheim, sieht es so: »Man muss das Oldtimer-Virus erst mal verbreiten, bevor es sich entwickeln kann.«

Youngtimer-Käufer sind jung, oder?

Kann man deshalb sagen, dass Youngtimer-Käufer generell jünger sind als Oldtimer-Käufer? Dazu gibt es bisher keine Untersuchung, aber vermutlich – ja. Die Online-Plattform Zwischengas für Klassiker hat 2020 ermittelt, dass ein Drittel der Oldtimerkäufer maximal 29 Jahre, das zweite Drittel bis 49 Jahre alt war. Das ist erstaunlich jung und lässt vermuten, dass Youngtimer-Käufer eher jünger sind.

Mehr Infos
www.zwischengas.com

Marktchancen

10

Handel im kleinen Rahmen

Belastbare Erkenntnisse zum Youngtimer-Markt gibt es nicht. Mangels verbindlicher Definition gehen die 15 oder 20 Jahre alten Gebrauchtwagen einfach in den übrigen Jahrgängen unter. Und bei Werkstätten und Händlern gibt es erst wenige, die sich als Youngtimer-Spezialisten positionieren, wie die Classic-Studie von BBE Automotive im Auftrag des Verbands der Automobilindustrie (VDA) 2020 feststellt.

Deshalb geht der Trend in zwei Richtungen bei den Händlerbetrieben:

a. Generalist für ältere und auch weniger wertige Fahrzeuge oder
b. Spezialist für bestimmte ältere und wertige Fahrzeuge (höherwertige Youngtimer)

Der Generalist wird nur gelegentlich echte Youngtimer anbieten, vor allem, wenn es ein reiner Gebrauchtwagenhandel ohne Markenbindung ist, für den vor allem der schnelle An- und Verkauf zählt. Da spielen beliebte und jüngere Gebrauchtwagen eine größere Rolle, als der gezielte Handel mit älteren und preislich wenig attraktiven Liebhaberfahrzeugen, die noch keine Oldtimer sind. Jedenfalls als reguläres Geschäftsmodell.

In Markenbetrieben werden zwar automatisch immer wieder gut erhaltene Altfahrzeuge in Zahlung genommen und können dort wieder herge-

Einen Opel Speedster findet man selten beim Markenhändler, sondern eher beim Spezialisten für Oldtimer und höherwertige Youngtimer.

Egal ob junger oder alter Ferrari – in dieser Preisklasse wird jedes Alter gehandelt. Die Marke ist ein Klassiker an sich, unabhängig ob Old- oder Youngtimer.

richtet und vermarktet werden. Aber auch dort sind Youngtimer eher ein Beigeschäft. Selbst das Engagement von Mercedes-Benz, mit den »Young Classics« und »All Time Stars« in diesen Markt tiefer einzusteigen, wurde nicht weiterverfolgt.

Anders sieht es beim Spezialisten aus, der sich unter Umständen auf eine Marke fokussiert. Der sich vielleicht bereits mit Marken-Oldtimern beschäftigt und auch die Folgegeneration schon im Blick hat. Der die Entwicklung auf dem Markt verfolgt und für die Zukunft plant. Dort machen auch Youngtimer Sinn, um neue Kunden zu gewinnen oder Stammkunden neue Angebote machen zu können.

Grundsätzlich, stellt die Studie fest, funktionieren Youngtimer bei bestimmten Premiummarken wie Mercedes, BMW und Porsche. Und in bestimmten Fahrzeug-Segmenten wie Sportwagen, Offroader und US-Cars, die für sich schon die Spitze des automobilen Eisbergs darstellen. Die das Besondere im Markt verkörpern und deshalb Liebhaber- und Youngtimer-Potenzial haben. Deshalb haben klassische Oldtimerspezialisten Youngtimer bereits im Programm, da die Altersgrenze für die Kundschaft weniger relevant ist. Da zählt die renommierte Marke oder das Modell und die begrenzte Verfügbarkeit.

Mehr Infos

www.bbe-automotive.de

Alfa Romeo

11

Die schönsten Youngtimer aus Mailand

Alfa Romeo ist eine große Marke. Tradition, Motorsport, Design, Technik, Emotion – alles dabei, was es für Youngtimer braucht. Man muss aber auch konstatieren, dass in den 1990er-Jahren die Marke schon ein wenig Glanz einbüßte und das Modellprogramm ausdünnte. Zwar gelang mit dem Alfa 156 nochmal ein »Auto des Jahres«, doch die Marke begann von ihrem Ruhm zu zehren, was nach 2000 dann endgültig an die Substanz ging.

So oder so, es gibt noch eine Handvoll Alfa-Modelle im besten Alter von rund 25 Jahren, die einen Blick wert sind. Dazu gehören die von Pininfarina gezeichneten Zwillings-Modelle GTV und Spider (Baureihe 916) ab 1994. Mit einer Keilform, die aber damals nur 80 000 Kunden zu begeistern vermochte. Was sie fast zu Raritäten adelt. Fast, denn diesen Anspruch erheben die zwei ES-30-Sportwagen, die als Coupé SZ (Sprint Zagato) und

Der Alfa Romeo Roadster Zagato gehört zu den seltensten und teuersten Youngtimern der Marke – und ist teilweise schon ins Oldtimeralter gerutscht.

RZ (Roadster Zagato) von 1989 bis 1993 gebaut wurden. Sie sind aktuell die großen Youngtimer von Alfa.

Potenzial hat auch der Alfa 155, der es bis in den Motorsport schaffte und in der DTM »bella figura« machte. Mit dem Turbo-Vierzylinder oder dem legendären V6 sicher ein Youngtimer-Kandidat. Gleiches gilt für das Flaggschiff Alfa 164, das bis 1998 produziert wurde. Ein Technologie-Projekt zusammen mit Saab, Fiat und Lancia. Als Luxus-Alfa eine Option, technisch aber durchaus etwas anspruchsvoll.

Der Alfa 145 in der Golf-Klasse macht erst als Quadrifoglio Verde richtig Spaß, die GTA-Version des 156 erschien erst 2002 und ist daher gerade so eben Youngtimer-berechtigt. In der Topversion sind sie zwar nicht beliebig, doch das rechte Feuer kam damals nur schwer auf. Und beiden geht das Charisma ab, welches beim alten GTV, dem Spider oder dem noch heckgetriebenen Alfa 75 zu spüren war. Vielleicht werden die Alfa der 1990er aber trotzdem einmal die letzten sein, die man mit Leidenschaft fährt.

Mehr Infos
www.alfaromeo.de

Betriebszustand

Am liebsten originalverpackt

12

Originalität liegt im Trend. Und das gilt nicht nur bei Oldtimern. Das berüchtigte Tuning der 1980er – breiter, tiefer, härter – ist der Einsicht gewichen, dass nicht alles besser ist. Und schöner. Vor allem wenn es um Modelle geht, die der Designer schon nett verpackt hat. Und so gibt es immer noch Tuning, oder neudeutsch Customizing, aber doch dezenter. Schicke Räder, stärkere Federn und Rallyestreifen ja, Plastikflügel eher nein.

Zwar gibt es noch die Tuning-Shows dieser Welt, wie die berühmte SEMA in Las Vegas oder die Essen Motor Show. Doch da gehts vor allem um neuere Autos, bei denen das Absatzpotenzial höher ist als bei der Handvoll Youngtimer, die dort ebenfalls noch zu finden sind. Man könnte sagen: je älter, desto originaler. Von damaligen Rallyefahrzeugen oder ihnen nachempfundenen Serienfahrzeugen mal abgesehen.

Alles ist erlaubt

Natürlich darf man sich über die Originalität des Herstellers hinwegsetzen. Und während der TÜV bei Oldtimern nur zeitgenössisches Tuning anerkennt, wenn das H-Kennzeichen am Auto bleiben soll, ist beim Youngtimer im gesetzlichen Rahmen alles erlaubt. Doch das passiert nur selten. »Früher ging es vor allem darum, die Autos am Laufen zu halten, egal wie«, erzählt Stefan Götzelmann, der seit 25 Jahren Alfa-Teile verkauft. »Heute fragen die Leute, wie es original aussehen muss und wollen es dann auch so wieder herrichten.« Im Originalzustand ist der Wert eines Fahrzeugs am zuverlässigsten zu bestimmen. Denn die Kosten für Umbauten können natürlich deutlich über dem Marktwert liegen. Und jemand zu finden, der denselben Look gut findet und den Mehrpreis dafür zahlen will, ist nicht einfach. Es kann sich aber lohnen, ein bereits abgeändertes Fahrzeug zum guten Kurs zu kaufen und nach eigenem Gusto zu vollenden. Denn ein Komplettumbau kommt meistens teurer.

Mehr Infos
www.semashow.com
https://essen-motorshow.de

Blechvorsorge

13

Wann wird es kritisch?

Warum werden nicht alle Gebrauchtwagen nach 20 Jahren zu Youngtimern? Denn während früher ganze Generationen wegrosteten, kann das heute kaum noch passieren. Aber es gibt andere Gründe: Weil sie verunfallen oder verschlissen sind, weil sie verschrottet oder exportiert werden. Oder alles zusammen.

Ein Auto mehr als 20 Jahre zu fahren, ist ökologisch sinnvoll. Aber in unserer Neuwagen-Welt kein Geschäftsmodell: Autoverkäufer können gar nicht wollen, dass, ihre Kunden ihre Autos 10, 20 oder mehr Jahre fahren. Sie wollen neue Autos verkaufen und viele Kunden wollen neue Autos fahren. Nach dem Erstbesitz dreht sich eine Todesspirale für das Auto: Es wird immer älter, damit immer günstiger, immer ungepflegter und ist irgendwann – tot.

Bis in die 1980er-Jahre rosteten Autos vielfach weg. Die bessere Rostvorsorge seitdem verbessert die Chancen der 1990er-Generation, bis ins Oldtimeralter zu überleben.

Vorsicht vor der 23!

Je mehr Jahre und Kilometer ein Auto zählt, umso günstiger wird es im Handel. Wer aber günstig kaufen muss, hat meist nicht das Geld für optimale Wartung und Pflege. Oder interessiert sich auch gar nicht dafür und kümmert sich nur um die Verkehrstauglichkeit. So wird die Substanz des Autos aufgezehrt, der Zyklus des Erneuerns von Komponenten kommt zum Erliegen. Es entsteht ein Wartungsstau, der irgendwann den Verkauf oder Gebrauch unter wirtschaftlichen Gesichtspunkten unmöglich macht – das Auto ist reif für den Schrott.

Wann genau dieses Alter erreicht ist, lässt sich nicht verbindlich sagen. Das hängt vom Kilometerstand, Wartungs- und Pflegeaufwand ab. Im Durchschnitt sind Pkw auf deutschen Straßen 10,1 Jahre alt, wie das Kraftfahrt-Bundesamt für 2021 ermittelt hat. Wird ein Auto noch älter, tickt die Lebensuhr. Einen Anhaltspunkt liefert der Oldtimer-Report 2020 der Gesellschaft für technische Überwachung (GTÜ): Die Prüfer stellten die meisten Hauptuntersuchungs-Mängel bei 23 Jahre alten Fahrzeugen fest.

Überlebensrate 1:100

In diesem Alter trennt sich offenbar die Spreu vom Weizen, denn sowohl jüngere als auch ältere Fahrzeuge haben weniger Mängel: Vorher, weil das Auto noch nicht so verschlissen ist. Nachher, weil wieder mehr in die Erhaltung investiert wird. Eine Tendenz, die auch von der FIVA bestätigt wird. Viele noch im Alltag genutzte Fahrzeuge erfordern in diesem Alter dann so viel Erhaltungsaufwand, dass Eigentümer die Kosten scheuen und das Fahrzeug ausmustern – sofern es keine Liebhaber sind. Dann wird der Youngtimer gerettet.

Dazu passt folgende Betrachtung: 10 bis 15 Jahre nach Produktionsende einer Baureihe – die meist um die acht Jahre dauert – endet die reguläre Ersatzteilversorgung. Dann werden Teile knapper, weniger bei volumenstarken Modellen, stärker bei Exoten. Schon ein nicht lieferbares Teil, das für den Betrieb des Autos unverzichtbar ist, kann dann zum Stillstand führen. Dann braucht es einen Liebhaber, der das Auto weiter am Laufen hält. Und deshalb werden nur 70 000 Youngtimer pro Jahr mit 30 Jahren zum Oldtimer, obwohl noch 100-mal so viele im Alter ab 15 Jahre unterwegs sind. Ein Prozent schafft den Weg ins Alter.

Mehr Infos
www.gtue.de

Wertanlage

14

Leidenschaft statt Investition

Nicht jeder Neuwagen hat Youngtimer-Potenzial wie dieser Peugeot. Aber was als Neuwagen etwas Besonderes war, ist meist auch Youngtimer-tauglich.

Die Frage, ob Klassiker als Wertanlage taugen, wird mit schöner Regelmäßigkeit gestellt. Das allerdings erst, seitdem Oldtimer regelmäßig in diversen Indizes bewertet werden, weil sich Spekulanten des Themas angenommen haben. Und sogar Anlageexperten in Großbanken ihren Kunden ein Portfolio aus Gold, Aktien und wertvollen Oldtimern empfehlen. Und die Antwort lautet seit Jahr und Tag: »Es kommt darauf an.«

Und wenn vor zehn oder fünfzehn Jahren noch von einem Youngtimer-Boom die Rede war, so hat sich das heute relativiert. Und ganz grundsätzlich muss man sagen: Die meisten Youngtimer werden nicht als Wertanlage gekauft, sondern aus Spaß. Sie müssen nicht Concours-Qualität haben und sie werden anders behandelt und gefahren als Oldtimer. Mit ihnen kann man einen Traum verwirklichen, weil sie im Alter erschwinglich sind. Bei besonders teuren Exemplaren kann das zur Wertanlage werden. Doch ein Ziel ist das nicht.

90er-Jahre-Autos im Trend

Doch: »In keinem anderen Segment ist so viel Bewegung wie bei den Autos der 1990er-Jahre«, stellt Frank Wilke vom Marktbeobachter Classic-Analytics fest. Denn jetzt hat eine neue Autofahrer-Generation das

Geld, um sich ein Auto der Kindheit zu kaufen, so wie das bei Oldtimerfahrern schon lange geschieht. Und so kommen auf einmal VW Corrado oder Opel Calibra zu neuen Ehren. Und erzielen höhere Preise als vor zehn Jahren.

Was sich auszahlt oder nicht, zeigt sich meist rund zehn Jahre nach Produktionsende. Dann ziehen attraktive Youngtimer preislich Richtung 10 000 Euro an, die weniger attraktiven verschwinden unter der 5000-Euro-Grenze. Aber das ist nur eine Daumenregel. Richtig ist: Was als Neuwagen begehrt, aber preislich oft unerreichbar war, eignet sich als Youngtimer-Wertanlage. So hat ein BMW M3 egal welcher Baureihe immer einen Minimalwert, während ein Fiat Tipo eher im automobilen Archiv des Vergessens endet.

Tipps für Anleger

Doch selbst wenn ein Preis zulegt, bedeutet das nicht gleich Gewinn. Schließlich muss ein Auto im Gegensatz zu Goldbarren bewegt und gepflegt werden. Von vier Prozent Nebenkosten geht die Südwestbank in ihrem Oldtimerindex aus, der vergleichbar für Youngtimer gelten kann. Und nur bei wirklich exklusiven Fahrzeugen wie einem Ferrari F50 aus den 1990er-Jahren kann man von einer Wertanlage sprechen. Wer sich einen solchen als Investition in die Garage stellen will, sollte diese Kriterien bedenken:

- Keine ungewöhnlichen Farben oder exotische Farbkombinationen wählen
  Beispiel: Ferrari in Rot statt in Gelb
- Besser Design-Ikonen als Underdogs wählen
  Beispiel: Audi TT statt Chrysler PT Cruiser
- Erste Serie oder Sondermodelle sind attraktiver
  Beispiel: Mercedes SL (R 129) Final Edition
- Höhere Motorisierungen und bessere Ausstattungen sind beliebter
  Beispiel: Sechs- statt Vierzylinder
- Coupés und Cabrios rangieren meist vor Limousinen und Kombis
  Beispiel: BMW 3er-Reihe (E 46)
- Besser mehr Geld in die Substanz als in Reparaturen anlegen
  Beispiel: Lieber Zustand 2 als 4 kaufen
- Nicht als Daily Driver nutzen
  Beispiel: 3000 Kilometer pro Jahr sind okay, 15 000 sind Wertvernichter

Mehr Infos

www.classic-data.de
www.classic-analytics.de
www.suedwestbank.de

15

Trendwende

Es geht immer weiter!

Als der Youngtimer-Hype um die Jahrtausendwende begann, ging es um Modelle aus den 1970er- und 1980er-Jahren. Heute sind es die Autos der 1990er – und jünger!

Nachdem der »STERN« noch 2019 einen »Youngtimer-Boom« erkannt hatte, lautete ein Jahr später die dramatische Überschrift »Das Ende ist nah«. Da die neuen Youngtimer ja weder Chrom noch Charme hätten, es ohne Rost zu einem Überangebot käme und das Design zum Einheitsbrei verkommen sei, werde die Youngtimer-Generation enden. Was für ein Unsinn.

Unsinn schon allein deshalb, weil Youngtimer nicht nur aus einer Dekade stammen, also zum Beispiel aus den 1980er-Jahren, sondern sich über die flexible Festlegung einer Altersgrenze von 15 bis 20 Jahren jedes Jahr neu definiert. Das bedeutet natürlich, es kommen welche hinzu, ein paar gehen weg und werden Oldtimer. Und mit neuen Auto-Designs entstehen zwangsläufig neue Youngtimer-Designs.

Dominanz der 1970er und 1980er

Wobei anzumerken wäre, dass das Chromzeitalter nicht erst vor 20 Jahren ausgestorben ist. Wer heute Chromstoßstangen vermisst, lebt deutlich vor 1990, und wer bei jüngeren Autos von »Einheitsbrei«

Die Youngtimer-Szene entwickelt sich mit jedem Modelljahr weiter – und das ist auch gut so!

spricht, hat von Autoleidenschaft nichts verstanden. Aber vielleicht hatte der »STERN« nur die Youngtimer im Blick, die eine Zeit lang ausschließlich im Fokus standen, und das waren nur die Modelle der 1970er- und 1980er-Jahre. So bezieht sich die Creme21-Rallye größtenteils noch auf Jahrgänge, die längst Oldtimer geworden sind. Und die neue Youngtimer-Szene, also der 1990er-Jahre, definiert sich heute nicht mehr so deutlich über den Begriff, sondern versteht sich auf vielfältige Art als Custom-Fans, Petrolheads oder Motoraver, um nur ein paar Szenen zu nennen.

Jedes Jahr neue Modelle

Das große Aus droht den Youngtimern nicht jetzt, sondern drohte viel früher, nämlich zum 1. März 2007, als die StVZO geändert wurde. Damit kamen nur noch Oldtimer ab 30 Jahren in den Genuss des roten Wechselkennzeichens, der Spielraum für jüngere Fahrzeuge war dahin. »Auto Bild«, der DEUVET, AvD und sogar Porsche-Chef Wendelin Wiedeking sammelten 43 741 Unterschriften, um die Gesetzesvorlage zu verhindern – vergeblich. Damit wurde der steuerliche Aufwand für Youngtimer höher. Aber nicht zur Hürde.

Denn heute ist die Youngtimer-Generation der 1990er mit Katalysatoren ausgerüstet und weit weniger vom Fiskus bedroht als die Autos der 1970er und 1980er. Auch zu viel Rost und zu wenig Ersatzteile sind heute kaum noch ein Thema. Und weil die Youngtimer damals nicht ausgestorben sind, werden sie es heute noch viel weniger tun – auch wenn sie anders genannt werden und sich anders anfühlen. Es gibt einfach jedes Jahr neue, andere Youngtimer. Eine gute Nachricht für den »STERN«, der so wieder was zu schreiben hat.

Mehr Infos
www.autobild.de
www.stern.de

16

Porsche-Power

Wölfe im Schafspelz

Mal ganz abgesehen davon, dass – fast – jeder Porsche das Talent zum Youngtimer hat, entstanden in den 1990ern bei Porsche zwei markenfremde Derivate mit den allerbesten Youngtimer-Genen: extrem selten, extrem leistungsstark und mit extremem Drivestyle. Zwei Autos, die eine Fangemeinde ab dem ersten Tag hatten und nie mehr verloren haben. Zwei PS-Kanonen, die durch Kurven feuern wie Rennwagen. Zwei Wölfe im Schafspelz.

Die Rede ist vom 124er Mercedes-Benz 500 E (1990–1994) und dem (Audi) Avant RS2 (1994–1996). Beim Avant muss man die Marke in Klammern setzen, weil das Modell zwar Ringe trägt, aber in einer Arbeitsgemeinschaft von Porsche und Audi entstanden ist und diese als Hersteller fungiert. Beide entstanden in Zuffenhausen Anfang bis Mitte der 1990er-Jahre und sind mittlerweile Youngtimer, die ersten drei Benz-Baujahre sogar schon Oldtimer. Während der 500er bei Porsche gebaut wurde, weil das Auto zu breit für die Produktionsanlage bei Daimler war, erhoffte sich Audi von der Porsche-Connection vor allem einen Imagegewinn.

Mercedes-Brummer

Der 500 E, ab 1993 als E-Klasse in E 500 umgetauft, ist ein Sahnestück. Von außen sieht man dem Mercedes seine Kraft kaum an, so unauffällig sind die verbreiterten Kotflügel. Natürlich liegt er satter auf der

Sieht aus wie ein Audi 80 Avant, ist aber viel mehr als das: Der Avant RS2, so die offizielle Schreibweise, war dank Porsche-Hilfe ein Wolf im Schafspelz.

Eine normale Mercedes E-Klasse? Denkste, Porsche schraubte den Fünfliter-V8 vom SL in die Limousine und machte sie damit zum Überflieger.

Straße, aber keine merkwürdigen Spoiler oder anderer Zierrat verderben die 124er-Linie. Unter der Motorhaube schlummert der Fünfliter-V8 aus dem SL (R 129) mit 326, später 320 PS. Damit schiebt die schwere Limousine bis auf abgeregelte 250 km/h. Entgegen der konservativen Schätzung wurden am Ende stolze 10 479 Stück produziert.

Audi-Rakete

Der Avant ist das erste RS-Modell von Audi gewesen. Basis wurde der Audi 80 Avant (B4) kurz vor Serienschluss. Daher war die Bauzeit auf zwei Jahre begrenzt. Der »Hochleistungs-Kombi« – 1994 der schnellste der Welt – war ebenfalls optisch eher unauffällig, wenn auch mit reichlich Porsche-Teilen garniert, wie Außenspiegeln und Felgen. Der Motor war der bekannte Fünfzylinder mit 2,2-Liter Hubraum, gesteigert auf 315 PS. Damit waren 262 km/h möglich, die freiwillige Abregelung wie beim Benz entfiel – damals der schnellste Audi aller Zeiten. Insgesamt 2891 Stück liefen bei Porsche vom Band.

Mehr Infos
www.audi-rs-club.de
www.mercedes-fans.de
www.porsche.de

Pflegeleicht

17

Putzen ohne Probleme

Sind Youngtimer pflegeleichter als Oldtimer? Ja. Warum? Weil der Chromputz entfällt. Was hier jetzt mit zwei Antworten so knapp beschrieben wird, ist natürlich nicht die ganze Wahrheit. Aber je älter der Oldtimer ist, umso aufwendiger wird die Pflege. Und das betrifft alle Teile, die regelmäßig gepflegt werden müssen. Und das ist mehr als nur Chrom.

Schon die früheren Einschicht-Lacke sind aufwendiger in der Pflege und empfindlicher als Zweischicht-Lacke ab den 1990er-Jahren, bei denen Klarlack als zusätzliche Schutzschicht aufgetragen ist. Poliert man bei Ein-

Pflegeaufwand wie bei Oldtimerlack und -chrom gibt es beim Youngtimer nicht. Das entspannt die Besitzer, die sich mehr aufs Fahren konzentrieren können.

schichtlack sofort auf den Farbpigmenten herum, ist man beim Klarlack auch als Amateur-Lackpfleger lange Zeit sicher unterwegs.

Nicht weniger, aber einfacher

Sitzbezüge sind nicht immer, aber meistens strapazierfähiger und pflegeleichter geworden. Und die Kunststoff-Armaturenbretter bei Oldtimern reißen nach vielen Jahren Sonneneinstrahlung oft ein, was bei Youngtimern altersbedingt noch nicht der Fall ist. Generell kann man sagen, je jünger und moderner das Material ist, umso länger hält es auch. Und wer jetzt Gegenbeispiele kennt, ja, die gibt es natürlich. Es soll nicht behauptet werden, ein jüngeres Fahrzeug braucht weniger Pflege – aber die Pflege ist einfacher.

Lackpflege, Polster saugen, Lüftungsgitter mit dem Pinsel entstauben – das ist vom Zeitaufwand bei Old- wie Youngtimern gleich. Aber moderne Pflegemittel können beim 20-jährigen Youngtimer problemlos angewandt werden, während beim Oldie nicht einfach losgeschrubbt werden kann. Da muss das Polster schon mal vorher vorsichtig auf Farbechtheit getestet werden, bevor der Schaumpfleger großflächig zum Einsatz kommt.

Schrubben mit Augenmaß

Bevor jetzt jemand »losschrubben« wörtlich nimmt – auch ein Youngtimer muss mit Augenmaß gepflegt werden. Am besten stellt man sich einen Neuwagen vor – so schonend wie man den pflegt, sollte man auch mit dem Young- oder Oldtimer umgehen.

Und was war mit dem Chrom? Das Auto-Bling-Bling gehörte bis in die 1970er-Jahre zu den Fahrzeugen als Schmuckelement dazu. Aber damals war eine Stoßstange auch noch eine Stange und kein in die Karosserie integriertes Aufprallelement. Selbst die erste Golf-Serie von 1974 hatte noch Chromstoßstangen. Trotz eifriger Pflege unterwanderten Rostpickel die Chromschicht.

Ein Problem, das nicht nur der Golf hatte, der dann auf Kunststoff-Rempler umgerüstet wurde. Kein Chrom, kein Aufwand. Noch Fragen? Es gibt sogar Bücher für ausgewählte Modelle. Aber ganz ehrlich, die Pflege moderner Autos ist kein Hexenwerk. Und deshalb gibt es zur Oldtimer-Pflege auch 1000 mehr Tipps als für Youngtimer.

Mehr Infos
www.autopflegeforum.de

FIVA

18

Internationale Instanz

Die FIVA ist vor allem ein Oldtimer-Weltverband. Man hat aber das Youngtimer-Potenzial erkannt und sogar einen eigenen Nachwuchstag eingeführt.

Mit den Youngtimern kamen die Abgrenzungsprobleme, auch für den Weltverband für historische Fahrzeuge, die FIVA oder ausgeschrieben Fédération Internationale des Véhicules Anciens. Über viele Jahre galt dort ein Fahrzeug ab einem Alter von 25 Jahren als historisch – das hätte also auch einen Teil der Youngtimer umfasst. Im Zuge der Harmonisierung des Oldtimerbegriffs über die Ländergrenzen hinweg und um gegenüber der EU einheitlich aufzutreten, wurde die Grenze aber stufenweise auf 30 Jahre angehoben.

Dabei spielte es auch eine Rolle, dass Klassik-Kritiker angesichts der Haltbarkeit jüngerer Fahrzeuge eine sogenannte Schwemme an Autos befürchteten, die noch keinerlei Anspruch auf die Einstufung als Kulturgut erhalten sollten. Da erschienen 30 Jahre gut begründbar.

Nicht ausdrücklich definiert wurden Youngtimer, die eben nicht zur FIVA-Kerngruppe gehören, die vertreten wird. Und so fielen sie durchs Raster: Die Klasseneinteilung der FIVA reicht nur bis 1991 mit der Klasse »G« – die jüngsten Fahrzeuge, die gerade eben die 30 Jahre erreichen. Nach dieser Nomenklatur gehörten Youngtimer in eine Klasse »H«, für alles was nach heutigem Stand aus der Zeit von 1992 bis 2001 stammt. Zu dieser Klassifizierung hat sich die FIVA bisher nicht durchringen können. Vermutlich, weil es politisch schwierig wird, für eine jüngere Fahrzeuggruppe zu kämpfen, die nirgendwo offiziell anerkannt ist.

Youngtimer Registration Card

Im November 2020 berichtete die FIVA-Generalversammlung, dass neben der FIVA ID-Card für Oldtimer ab 30 Jahre eine neue Youngtimer Registration Card eingeführt wurde. Die Wortwahl verrät es bereits: Hier wird nicht auf Herz und Nieren geprüft, sondern es handelt sich um eine schlichte Datenaufnahme – genauer kostenpflichtige Registrierung – des Fahrzeugs, das 20 bis 29 Jahre alt sein muss. Also im besten Youngtimer-Alter steht.

Zum Youth-Day können unter anderem Fotos und Skizzen eingereicht werden, die von der FIVA prämiiert werden. Das freut den Nachwuchs und stärkt die Szene.

Immerhin erkennt die FIVA damit an, dass man sich um Fahrzeuge kümmern muss, die im Laufe der nächsten zehn Jahre ebenfalls zum automobilen Kulturgut gerechnet werden können. »Sie soll insbesondere dazu dienen, jüngere Menschen, die mit Fahrzeugen dieser Generation aufgewachsen sind, für den Erhalt oder die Restaurierung dieser Fahrzeuge zu interessieren«, heißt es bei der FIVA. Und sie macht den Begriff international bekannter.

Die Youngtimer Registration Card ist gelb statt grün wie die ID-Card gefärbt. Vorteile oder eine Notwendigkeit gibt es für die Youngtimer-Registrierung nicht. Dieser Youngtimer-Pass wird ab 2022 wie die ID-Card vom ADAC als nationales Mitglied der FIVA angeboten. Die Daten werden online erfasst und bilden die Grundlage für eine spätere ID-Card.

Mehr Infos
www.adac.de/oldtimer
www.fiva.org

19

Szene

Es gibt mehr als nur eine!

DIE Youngtimer-Szene gibt es heute nicht: Marken-Clubs, Sportwagensammler oder Tuning-Freunde sind heute alle Teil der großen Youngtimer-Szenerie.

Obwohl jeder in der Oldtimer-Szene weiß, was ein Youngtimer ist, gibt es keine strikte Youngtimer-Szene. Das, was sich so nennt und aktuell Youngtimer der 1990er-Jahre fährt, spielt nur eine kleine Rolle. Was nicht bedeutet, dass es keine Szene für Youngtimer gibt. Es gibt davon sogar mindestens drei und das erklärt, warum deren Schnittmenge bis heute nicht ausreicht, um sich zu emanzipieren. Und es erklärt auch, warum es so wenige Klubs, Händler, Treffen und Magazine gibt, verglichen mit der eng benachbarten Oldtimer-Szene, die das alles dutzendfach bieten kann.

Die drei dominierenden Kreise sind die Klassik-, die Tuning- und die Markenklub-Szene. In allen drei sind Youngtimer zuhause, werden geschätzt und bewahrt. Aber alle drei haben ihre Mühe damit, weil ihr Fokus etwas anders ist und Youngtimer lediglich hineinspielen. Am ehesten spielen bei Klassik-Fans Youngtimer als Nachwuchs-Thema eine deutliche Rolle.

Einfach ist die allerdings nicht, weil Youngtimer der Klassik-Szene immer zu modern waren und sind. Technisch wie optisch. Diese Diskussion erlebte schon die erste Golf-Generation, noch mehr aber die zweite, bei der geradezu eine »Oldtimer-Schwemme« befürchtet wurde, weil sie nicht mehr vom Rost dezimiert wurde. Die dritte steckt mittendrin, ob die vierte noch akzeptiert wird, steht in den Sternen.

Auch bei den Tuning-Freunden ist nicht der Youngtimer das Thema, sondern das coole Modell, dass zwangsläufig nicht original sein kann. Dort klingt Youngtimer schon fast nach Traditionspflege à la Oldtimer und das braucht dort keiner, der sich zeitgenössisch eine andere Auspuffanlage unterschraubt. Immerhin ist es eine offene Szene, was man bei Marken-Klubs nicht erwarten kann. Und die Rede ist hier nicht von der Klassik-IG, sondern von großen Fan-Klubs, in denen die Tradition von Alfa, Audi oder Abarth gepflegt wird. Vor allem mit jüngerem Material. Auch hier bilden Youngtimer nur einen Ausschnitt der Autos.

Faszination und Emotion zählt

Richtig ist, dass alle drei etablierten Szenen die Faszination von und die Emotion mit dem Auto leben. Richtig ist auch, dass alle Youngtimer in ihren Reihen haben. Und richtig ist, dass alle drei Liebhaberkreise sich voneinander und gegeneinander abgrenzen, aber eine Schnittmenge haben. Und die heißt Youngtimer. Und neben diesen Hauptakteuren gibt es noch viele weitere Facetten.

So die Alt-Youngtimer-Szene, die vor 2000 entstand und sich nach wie vor mit Autos der 70er- bis 80er-Jahre beschäftigt, wie die Creme21-Rallye. Obwohl das altersmäßig Oldtimer geworden sind. Es gibt Sub-Szenen wie die Motoraver, die auch, aber nicht nur mit Youngtimern zu tun haben. Und es gibt Social-Media-Szenen, die sich zwanglos zur Ausfahrt treffen mit allen, die Spaß daran haben. Egal welches Modell und welches Alter am Start ist. Es gibt mehr als eine Szene. Das macht die Youngtimer-Szene nicht einheitlich, aber vielfältig.

Mehr Infos

http://youngtimerfans-hi.de
www.youngtimer-connection.ch

Fiat

20

Die schönsten Youngtimer aus Turin

Fiat hat immer wieder Autos auf den Markt gebracht, die überraschend waren – und nicht selten ausgezeichnet wurden für ihr Design und ihre Innovation. Und da reden wir nicht immer von Coupés, die jeder Designer so eben aus dem Ärmel schüttelt. Das Geheimnis liegt eben doch im Talent. Und das hat immer wieder Stardesigner Giorgio Giugiaro bewiesen.

Zum Beispiel mit dem Fiat Panda. Eigentlich nur eine Kiste auf Rädern, aber eine charmante. Man denke nur an den verschiebbaren Aschenbecher auf dem offenen Handschuhfach. Der Kult ließ nicht lange auf sich warten und dauerte ab 1980 volle 23 Produktionsjahre an. Noch heute ist der Panda immer ein Hingucker und mindestens ein cooler Youngtimer und als ganz frühes Exemplar sogar schon im Oldtimeralter.

Als Wertanlage eignet sich der kleine und gern rostige Freund natürlich nicht, es sei denn, er hat einen Allradantrieb. Als 4x4 ist der Panda tatsächlich ein Geheimtipp, es ist nur schwer, noch ein gutes Exemplar zu finden.

Das Fiat Coupé polarisierte als Neuwagen wegen seines Designs. Heute ist es ein seltener Youngtimer, der besonders als Turbo gesucht ist.

Ein hochbeiniger Geheimtipp, der im Schnee sogar einen Allrad-Neunelfer versägen kann, dem seine ganze Power nichts nützt.

Ein Bötchen und ein Turbo-Coupé

Dass Fiat auch in der Mittelklasse punkten konnte, bewies von 1985 bis 1996 der Croma, eine Gemeinschaftskooperation mit Lancia (Thema), Alfa Romeo (164) und Saab (9000). Ebenfalls mit der Handschrift von Giugiaro beziehungsweise seiner Firma ItalDesign. Zwar gab es den Croma nicht mit Ferrari-Motor, wie den Lancia, doch in zeitgenössischen Tests schnitt der Fiat nicht schlecht ab. Dazu war er das erste Modell mit einem Diesel-Direkteinspritzer und das Topmodell kam sogar mit einem V6 angebraust.

Der Fiat Barchetta war alles andere als ein zuverlässiges Modell. Aber sein optischer Charme trug das »Bötchen« in die Youngtimer-Welt.

Optisch etwas mehr Sexiness bieten allerdings der Roadster Fiat Barchetta (1995–2005) und das Fiat Coupé (1994–2000) mit seinen stilistisch markanten Sicken vorn und hinten. Die Barchetta war zwar nicht frei von Kinderkrankheiten und Fertigungsmängeln, doch trug sie stolz den Titel »Cabrio des Jahres 1995« und war mit 131 PS nicht schlecht motorisiert. Es ist heute mit das günstigste Modell, um in die Youngtimer-Szene einzusteigen.

Das Fiat Coupé ist dagegen extrem polarisierend, aber das ist bei Designs, an denen Chris Bangle mitgewirkt hat, ja fast eine Selbstverständlichkeit. Auf Basis des Fiat Tipo entstanden rund 72 000 Exemplare bei Pininfarina, die den Designwettbewerb gegen das Centro Stile von Fiat verloren hatten. Highlight sind die beiden Turbo-Modelle mit 190 und 220 PS, die das Coupé auf Sportwagen-Niveau heben. Der 20V Turbo schaffte 250 km/h und war damals das schnellste Serienmodell mit Frontantrieb. Design, Exklusivität, Motorisierung – das Coupé hat alle Youngtimer-Gene – man muss es nur mögen.

Mehr Infos
www.fiat.de
www.superpanda.de

Chipsfrisch

21

Fluch der Steuergeräte

In den 1990ern kamen immer mehr Steuergeräte in den Autos zum Einsatz. Was damals modern und innovativ war, kann im Alter zum Elektronik-Problem werden.

Elektronik im Auto ist nichts Neues, schon seit Ende der 1960er-Jahre kamen die ersten, einfachen Steuergeräte mit elektronischen Bausteinen. Im großen Stil begann es Ende der 1990er-Jahre, als Displays mechanische Anzeigen ersetzten, die Lambdasonde für das Abgasverhalten zur Regel wurde und verschiedenste Steuergeräte Ausfälle an die On-Bord-Diagnose meldeten – die Autos hatten bald mehr Computerleistung als die Mondrakete Saturn V.

Hauptursache für die Elektronik-Flut waren die gesetzlichen Vorgaben für das Abgasverhalten. Aber auch viele andere Funktionen wurden nach und nach elektronisch gesteuert und überwacht. Die neue Technik führte erst zu reichlich Problemen und Ausfällen, doch das wurde ab 2000 kontinuierlich besser. Heute sind in Premiummodellen bis zu 100 Steuergeräte verbaut. Ihr Problem: Sie altern.

Halbwertszeit für Chips

Zwar werden auch Kabelbäume alt und brüchig, doch die lassen sich einfach flicken. Zersetzt sich aber eine Platine, ist guter Rat teuer. »Die Autos sterben nicht mehr am Rost, sondern an der Elektronik, an den Steuergeräten«, konstatiert Youngtimer-Experte Det Müller nicht zu Unrecht. Steuergeräte bestehen aus bis zu 100 verschiedenen Materialien, die miteinander reagieren wie in einem chemischen Suppentopf – damit wird die Halbwertszeit eines Steuerchips deutlich kürzer als die eines Kotflügels. Bis heute gibt es keine Methode, diesen Verfall zu stoppen.

Weil das sogar mit neuen Steuergeräten passiert, die still im Regal liegen, macht das Aufbewahren von Ersatzgeräten nur begrenzt Sinn. Und nicht nur die Hardware altert, auch die Software selbst kann sich löschen, wenn sie nicht alle paar Monate an eine Batterie angeschlossen wird. Und muss dann neu aufgespielt werden, sofern der Hersteller noch ein Software-Update anbietet.

Rettung ist möglich

Kann man etwas tun? Nicht wirklich. Grundregel ist, dass man sie vor zu viel Feuchtigkeit, Wärme und Sonneneinstrahlung schützen sollte. Aber selbst eingeschweißt und vor Luftsauerstoff geschützt lässt sich das Altern nur hinauszögern. Und dann? Ist man nicht verloren.

Alte Steuergeräte werden mittlerweile von Experten repariert, gegen gebrauchte, instandgesetzte getauscht oder durch neue Geräte ersetzt. DEUVET und FIVA als Klassiker-Dachverbände haben das Problem ebenfalls erkannt und seit vielen Jahren einen Experten, der sich um den Erhalt digitaler Technik kümmert. Und so ist bisher noch fast kein Youngtimer stillgelegt worden, weil seine Steuergeräte streiken. Und solange die Software gerettet werden kann, ist es auch nicht unwahrscheinlich, dass neue Generationen an Steuergeräten die alten Funktionen »lernen« können.

Mehr Infos

www.actronics-gmbh.de
www.boschcarservice.com
www.eps-elektronik.com
www.rhelectronics.de
www.sender.de

Geheimtipps

22

Schnäppchen im Heuhaufen

Seien wir ganz ehrlich, wirklich geheim ist nichts auf dem Automarkt. Und sobald sich ein Trend zeigt, springen die Händler auf. Jahrelang wurden Porsche 911 (G) und Mercedes SL (R 107) massenhaft aus den USA importiert, weil der Markt nach diesen Fahrzeugen lechzte. Das Fieber hat sich mittlerweile gelegt und man darf hoffen, dass die guten, seriösen Anbieter bleiben und die Trittbrettfahrer für den schnellen Profit wieder verschwinden.

Aber es gibt natürlich immer ein paar Modelle, die nicht gehypt werden. Von denen alle wissen, die aus unerfindlichen Gründen aber weniger im Markt auftauchen. Und bei denen die Werte noch frei von Preistreiberei sind. Oder doch weitgehend. Und die als Wertanlage geeignet sein können, ohne dass dies einer schriftlich bestätigen kann.

Es geht noch immer was

Frank Wilke von Classic Analytics hat für die OCC Klassikversicherung fünf Modelle aus seiner Marktanalyse herausgeschält, die Potenzial haben oder, wenn man so will, »Geheimtipps« sind:

- BMW 540i (E34) Touring (1993–1996)
- Mercedes-Benz E55 AMG (1995–2002)
- Opel Calibra 16V Turbo 4x4 (1992–1994)
- BMW Z3 2.8i Coupé (1998–2000)
- Volvo 850 T5-R (1994–1996)

Das BMW Z3 Coupé wurde nur in kleiner Stückzahl gebaut. Seine Exklusivität aufgrund des eigenwilligen Designs hat es zur Wertanlage reifen lassen.

Auffällig ist, dass alle Modelle ordentlich Leistung unter der Haube haben, ein typisches Youngtimer-Kriterium. Außergewöhnliches Design, starke Leistung, Luxus im Überfluss – das ist der Stoff, aus dem Youngtimer-Träume sind. Insofern ließe sich diese Liste verlängern. Aber wir wollen ja nicht alle Modelle verraten, die unsere Leser noch im Kopf haben …

Mehr Infos
www.classic-analytics.de
https://occ.eu

Gründer-Generation

1970er- und 1980er-Jahre

23

Durch die gesetzlichen Vorgaben der 1990er-Jahre kamen die Autos der 20 Jahre davor in Bedrängnis. Sie wurden steuerlich bestraft, weil sie die neuen Schadstoffnormen nicht erfüllen konnten – und dafür ja auch nie vorgesehen waren. Während die Oldtimer über das H-Kennzeichen ab 1. Juli 1997 »in Sicherheit« gebracht werden konnten, fürchtete man um das Überleben der jüngeren Auto-Generation der 1970er- und 1980er-Jahre. Sie galten als die ersten Youngtimer – und tun das teilweise bis heute noch.

So nennen sich Veranstaltungen wie die »Creme21« Youngtimer-Rallye, obwohl es sich vor allem um Fahrzeuge aus dieser Zeit handelt, aus heutiger Sicht reinrassige Oldtimer. Da die nachwachsende Generation weder durch Rost noch mangels Katalysatoren ein ähnliches Schicksal wie damals befürchten muss, hat sich der Fokus verlagert – oder ist gleichgeblieben. Sprich, mit Youngtimern wird immer wieder die Generation Autos assoziiert, die mit dem VW Golf und seinen Zeitgenossen ab 1974 auftauchten.

Der VW Golf GTI gehört zu den ersten modernen Autos. Ein Youngtimer der ersten Stunde, beliebt, begehrt und mit ganz viel Drivestyle, ist er heute längst im Oldtimerbereich angekommen.

Ewiges Generationenproblem

Lange Zeit wurde diese moderne Generation mit Vorderradantrieb, quer eingebauten Motoren und kantigen Formen von der alten Oldtimer-Szene wenig bis gar nicht akzeptiert. Mittlerweile sind sie altersmäßig weit fortgeschritten – ein Ur-Golf wird bald 50 Jahre alt –, dass sie zur Klassiker-Szene dazu gehören. Selten sind sie ohnehin geworden, da hat der Rost noch tiefe Spuren hinterlassen.

Das macht es den Nachfahren mit besserem Rostschutz und Elektronik deutlich schwerer Fuß zu fassen. Aber vielleicht sind das die gleichen Youngtimer-Wehen wie vor 20 Jahren. Sicher scheint nur zu sein, dass der Youngtimer-Begriff nur noch beschränkt zur Identifizierung taugt, auch wenn er altersmäßig halbwegs definiert ist. Es ist ein anderes, neues Lebensgefühl in den 1990er-Jahren. Und das macht es den neuen Youngtimern schwer, in der Klassik-Gemeinschaft aufgenommen zu werden. Da geht es ihnen genauso wie der Generation davor.

Mehr Infos
www.youngtimerfans-hi.de
www.youngtimer-connection.ch

Viel Hartplastik, Golfball-Schaltknauf und ein »Spucknapf«-Lenkrad – solches Zubehör konnten sich viele lange Zeit nicht in einem Klassiker vorstellen.

Preisfrage

24 Was darf es denn kosten?

Die Preisermittlung für Youngtimer ist nicht ganz einfach, denn übliche Bewertungslisten und -tabellen wie von der Deutschen Automobil Treuhand (DAT) enden nach 15 Jahren oder einem normalen Autoleben. Danach springen Classic Data und Classic Analytics ins Boot, wenn bereits ein Preis auf Basis ausreichender Verkäufe ermittelt werden kann.

Und der Preis richtet sich weniger nach dem Liebhaberwert als vielmehr nach dem Zustand des Wagens, ob der TÜV fällig ist oder etwas Besonderes geboten wird. Sprich, es gibt keine üblichen Preisregeln mehr, da das Handelsvolumen von Autos im Youngtimer-Alter stark zurückgeht. Es sind mehr oder weniger Liebhaberpreise auf niedrigem Niveau.

Eine Formel für den Preis

Viel Mühe um eine Preisfindung hat sich Herbert Schulze gemacht in seinem Buch »Wertermittlung klassische Kraftfahrzeuge« von 2017 (Olms-Verlag). Da gibt es eine Bewertungsformel für Pkw bis 20 Jahre in drei Hubraumklassen. Aus Fahrzeugalter, Laufleistung und weiteren Faktoren wird ein Prozentsatz gebildet, der vom Netto-Neupreis abgezogen wird und damit einen Marktwert darstellen soll.

Es erscheint zweifelhaft, ob das bis auf die Stellen hinterm Komma wirklich verlässlich sein kann. Kann eine schlichte Formel Youngtimer-Preise abbilden? Am seriösesten ist noch diese Aussage: Alle Fahrzeuge bis 2,5 Liter Hubraum verlieren nach der zugrunde gelegten Tabelle nach 15 bis 20 Jahren ca. 83 bis 90 Prozent vom Neupreis. Bei mehr als 2,5 Liter Hubraum sollen es dann sogar 90 bis 95 Prozent sein. Das klingt realistisch. Und erfreulich. Youngtimer sind ein günstiger Weg, in das rostigste Hobby der Welt einzusteigen und loszufahren.

Markt statt Mathematik

Dazu kommt eine Kilometerkorrektur, wenn das Jahresmittel von 15 000 Kilometern über- oder unterschritten wird. Wobei erst bei einer Abweichung von mehr als 50 000 Kilometern der Preis signifikant beeinflusst wird. Was bedeutet das zusammen? Bilden wir mutig diese Faustregel: 20 Jahre alte Fahrzeuge sind nur noch ein Zehntel des Neuprei-

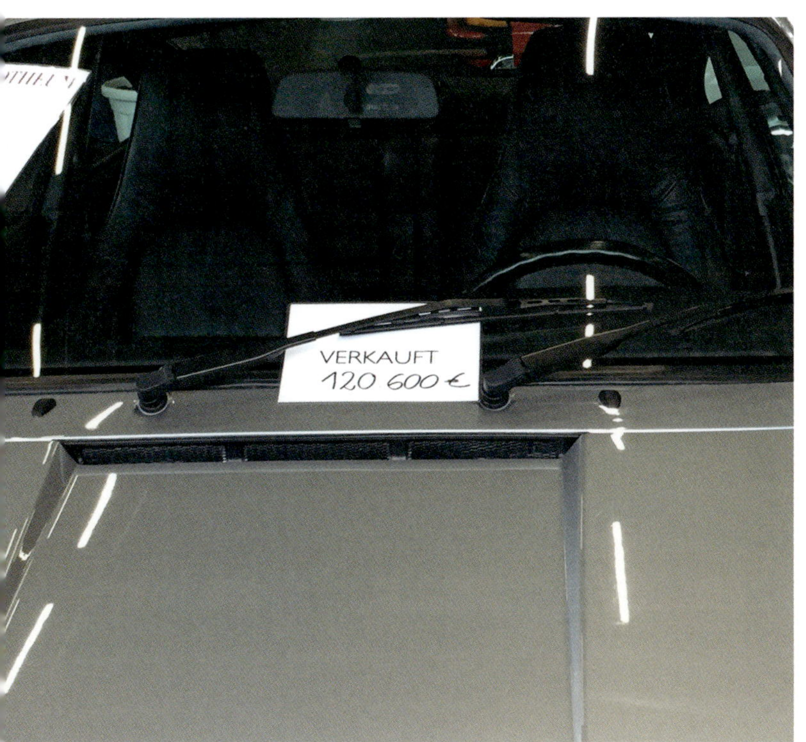

Kaufpreise für Autos über 15 Jahre sind meist nicht mehr tabellarisch erfasst, sondern werden Pi mal Daumen kalkuliert: nach Zustand und Laufleistung.

ses wert. Grob abweichende Kilometerstände können diesen Wert halbieren oder verdoppeln.

Dem Buchautor Schulze ist aber durchaus bewusst, dass dieser Formel-Preis nicht Bestand haben muss. Daher erwähnt er weitere Bewertungsfaktoren wie Historie, Markenimage, Verfügbarkeit, Marktsituation und Innovationskraft des Modells, die den Preis verändern können. Womit am Schluss feststeht: Es gelten Marktgesetze, keine Mathematikformeln.

Mehr Infos
www.dat.de
www.classic-data.de
www.classic-analytics.de

Kostbarkeiten

25

Teuer, teurer, am teuersten

Bei Oldtimern ist es relativ einfach, das teuerste Modell zu finden – man googelt nach den teuersten Modellen auf wichtigen Auktionen und findet schnell den aktuellen Rekord: Den hält ein Mercedes-Benz 300 SLR Coupé für 135 Millionen Euro. Das ist mal eine Ansage, die lange Bestand haben wird und die kein Youngtimer toppen kann.

Mittlerweile versteigern die Auktionshäuser mit den Klassikern zusammen regelmäßig Sport- und Supersportwagen, die nicht wegen ihres Alters, sondern wegen des Sammlercharakters unter den Hammer kommen. Eine reine Youngtimer-Börse oder -Auktion gibt es bisher nicht.

Der Isdera 112i ist einer der teuersten Youngtimer, der je auf einer Auktion gehandelt wurde – eine Million Euro war er 2020 wert.

Die Frage nach dem teuersten Youngtimer stellt sich zudem jedes Jahr neu – mit jedem neuen Jahrgang, der dazukommt. Generell ist aber festzuhalten, dass 90 Prozent aller Youngtimer im fünfstelligen Euro-Bereich keine Rekorderlöse produzieren werden. Daher verwundert es nicht, dass nur Raritäten der 1990er-Jahre heute zu den teuersten Youngtimern zählen. Wie zum Beispiel ein Bugatti EB 110 oder der Isdera Commendatore 112i, die beide zuletzt über eine Million Euro im Verkauf brachten.

Bugatti und Co.

Dass solche Preise nicht in Stein gemeißelt sind, zeigen aber die Ferrari F50-Verkäufe vom Auktionshaus RM Sotheby's in den vergangenen Jahren. Der Spitzenreiter brachte mehr als drei Millionen, der günstigste gerade mal 500 000 Euro. Das verdeutlicht, wie groß die Spanne sein kann und zusätzlich etwas mit der Laufleistung und dem möglicherweise prominenten Vorbesitzer zu tun hat.

Die Frage nach dem teuersten Youngtimer lässt sich also nicht abschließend beantworten. Selbst wenn man zum selben Zeitpunkt alle Youngti-

Der teuerste und seltenste Neuwagen der Welt ist aktuell der Bugatti La Voiture Noire für elf Millionen Euro – da ist der Sammler- und Youngtimer-Status quasi inkludiert.

mer zugleich in den Verkauf brächte, wäre das nur eine Momentaufnahme für Angebot und Nachfrage. Superrekorde wie bei den Oldtimern sind allerdings nicht zu erwarten. Selbst ein Einzelstück wie der Bugatti »La Voiture Noire« für elf Millionen Euro hat zwar aus dem Stand Sammlerstatus, ist aber nicht automatisch das Vielfache wert.

Und gab es früher nur eine Handvoll Exemplare pro Modell, so sind es in den 1990ern bereits hunderte geworden. Selbst ein Ferrari hat heute viele Brüder und Schwestern im Markt. Je größer das Angebot, umso kleiner die Preise. Vielleicht muss man nur auf die Preissteigerung warten? Vielleicht – aber das liegt dann wohl eher daran, dass aus Youngtimern nach 30 Jahren Oldtimer geworden sind.

Mehr Infos

https://rmsothebys.com

www.bonhams.com

Allradler

26 Kult vor den Youngtimern

Während neumodische SUV kaum Youngtimer-Relevanz haben, stellt sich die Frage bei Offroadern anders. Denn hier gibt es natürlich eine langjährige Tradition, man denke nur an die beiden Legenden Land Rover Defender und Jeep Wrangler samt ihrer Vorläufer. Dazu kommen Ikonen wie Mercedes-Benz G-Klasse, VW Iltis und Toyota Landcruiser. Allesamt beliebte, begehrte und bewährte Allradler fürs Gelände. Alle haben eine Fangemeinde, alle sind kultig und dank Abenteuer-Flair natürlich auch cool.

Man kann es kaum glauben, die ersten Humvees sind bereits Oldtimer, die meisten Youngtimer-tauglich. Trotz Kultfaktor sind Offroader aber nur eine Nische in der Szene.

Insofern tragen sie das Youngtimer-Gen zweifelsfrei in sich, sind aber in einer ganz anderen Szene unterwegs. Und das, lange bevor es die Youngtimer-Bewegung der 1990er-Jahre gab. Das hat es immer schwer gemacht, sie dort zu vereinnahmen. Denn so wie ein Porsche nie weggeworfen wird und damit zum Kulturgut reifen kann, so wird auch eine Allrad-Ikone nicht einfach verschrottet. Sprich, diese kernigen Vertreter sind zwar nach 20 Jahren Youngtimer, aber brauchen diese Einstufung nicht. Sie sind sich selbst genug.

Die Youngtimer-Offroad-Liste der 1990er-Jahre lässt sich übrigens verlängern. So gehört der Suzuki Samurai, der als LJ 80 – von Fans liebevoll »Elliott« genannt – in den 1980ern startete, der Lada Niva, der Hummer H1 des US-Militärs, Nissan Patrol und Mitsubishi Pajero dazu.

Mehr Infos
www.vdgv.de

27

Kaufen, aber richtig

Zeit und Geduld

Autokauf bleibt Autokauf, ob Gebrauchtwagen oder Youngtimer. Vorteil: Nach vielen Jahren im Markt kennt man bei Clubs und in Foren alle Schwachstellen eines Modells.

Ein Youngtimer-Kauf ist grundsätzlich nicht anders als ein Gebrauchtwagenkauf. Da helfen die üblichen Tipps und Checklisten. Inklusive einer Probefahrt und dem Blick unters Blech auf der Hebebühne. Und natürlich die bewährten Magazine wie der Youngtimer-Kaufratgeber von der »Motor Klassik«, in dem Dutzende Modelle mit Schwachstellen vorgestellt werden. Eine Rundum-Checkliste für Gebrauchtwagen und die Probefahrt findet sich beim ADAC.

Verführerisch sind immer günstige Einstiegspreise. Vor allem bei hubraumstarken Luxuslimousinen oder Sportwagen scheint mancher Traum zum Greifen nah. Doch hier gilt es, die Folgekosten, Reparaturen, Ersatzteile und die Versicherung im Auge zu behalten. Erreichen diese Nebenkosten exorbitante Ausmaße, nützt das schönste Schnäppchen nichts. Schließlich will man nicht nur kaufen, sondern auch fahren.

Biedermann oder Blender? Es gibt immer noch mehr gute als schlechte Autos, aber man muss sie beide erkennen können …

Daher empfiehlt sich eine intensive Modellbetrachtung VOR dem Kauf. In den gängigen Internetforen erfährt man viel über die Stärken und Schwächen des Traummodells. Darüber lässt sich zugleich abklären, wie es um die Ersatzteile steht, ob es eine Klub-Szene und regionale Experten gibt, die einem helfen können. Vor und nach dem Kauf. Und das gilt unabhängig davon, ob privat oder beim Händler, auf der Messe oder im Internet gekauft wird. In jedem Fall heißt die schwerste Grundregel – Geduld.

Lieber besser, statt günstiger

Der schnellste Kauf muss nicht der schlechteste sein. Aber der letzte Kauf auch nicht. Und erst wenn man sich viele Autos desselben Typs angeschaut hat, kennt man das Modell wirklich. Kennt die Argumente der Verkäufer, warum dies oder jenes funktioniert oder auch nicht. Es ist noch kein Experte vom Himmel gefallen – aber jeder kann einer werden. Und wenn es beim Traumobjekt nicht 100-prozentig passt, weil die Technik klemmt, die Historie undurchsichtig ist oder einfach der Preis nicht stimmt, dann Finger weg! Und Geduld üben.

Es kommt immer noch ein besseres Modell. Vielleicht nicht heute oder morgen, aber irgendwann. Vielleicht ist es nicht das Auto zum günstigsten Preis, aber das ist ein altes Geheimnis: Wer billig kauft, kauft teuer. Lieber etwas mehr in einen soliden Youngtimer investieren, als nachträglich einen schlechten aufwendig reparieren zu müssen.

Und wer sich zwar in einen Youngtimer verliebt hat, aber lieber auf Nummer sicher gehen will, der lässt einen Check beim Sachverständigen machen. Ob ADAC, TÜV, GTÜ oder Dekra, das lässt sich schnell vereinbaren und kostet nur ein paar Euro. Und die sollten vor einer Investition von ein paar tausend Euro immer drin sein.

Mehr Infos
www.tuv.com
www.adac.de

28

Frankreichs Sportler

Die schönsten Youngtimer

Obwohl wir den Franzosen das erste Straßenrennen der Welt zu verdanken haben und sie zweifelsfrei die frühesten Verfechter des Automobilismus waren – in den 1990er-Jahren sieht es aus Youngtimer-Sicht mau bei den drei Herstellern aus.

Meist gab es nur Standardware, die zu 16V-Modellen aufgepimpt wurden. Ob Renault Clio 16V (1991–1994), Citroën ZX 16V (1992–1997) oder Peugeot 306 16V (1993–1997), sie alle waren nicht wirklich aufregend. Sind aber noch am ehesten sammlungswürdig, weil dort viel Leistung in wenig Blech verpackt ist. Am populärsten war der Peugeot 205 T16, der mit 200 Turbo-PS tauglich für die Rallyegruppe B war.

Aber auch die kleinen GTI-Versionen des 205 erlangten Bekannt- und Berühmtheit. Nicht bügelfrei, aber offenherzig ist der 205 CTI ebenfalls eine Youngtimer-Option. Bei den Sondermodellen sticht die Version »Roland Garros« mit einem herrlichen Grün-Metallic hervor.

Der Peugeot 205 GTI gehört zu den ganz großen Erfolgen der Löwenmarke. Damit macht man nichts falsch.

Alpine rettet die Ehre

Die einzig wahren Kandidaten für den Youngtimer-Award aus Frankreich stammen von Renault, die mit dem Alpine-Werk einen echten Motorsportpartner haben. Da ist zunächst die A610 (1991–1995), mit der eine lange Reihe von Alpine-Modellen endete, die mit dem A106 bereits in den 1950er-Jahren begonnen hatte. Nur 818 Stück wurden gebaut, was das Modell schon mal zur Rarität macht. Und zugleich bedeutet, dass dieser Versuch in Richtung Oberklasse nicht erfolgreich war.

Als Nachfolger kam der puristisch und völlig anders gestaltete Renault Sport Spider (1995–1999) auf den Markt. Ein Straßenrenner mit Recaro-Sitzen, Scherentüren und Kunststoff-Karosserie in bester Alpine-Tradition – und selbstverständlich in Dieppe gebaut. Ebenfalls in einer Kleinstauflage von 1493 Stück. Der Fahrspaß ist maximal, der Windabweiser vorn nur optional. Ein Klassiker ab Werk und ein Youngtimer mit den besten Anlagen. Genauso wie beim A610 dürfte es schwierig sein, überhaupt einen zu bekommen.

Mehr Infos
www.renaultsport-spider.de
www.renault-alpine.com

Ein Renault Sport Spider in der Ultra-Version ohne Windschutzscheibe – etwas für Kenner!

Helden der Sonne

29

Youngtimer-Cabrios

Cabrios wie dieser Porsche 968 gehören per se zu den gesuchten Autos und damit automatisch in die Youngtimer-Szene.

Wie bei den Roadstern beziehen genauso Cabrios ihre Faszination aus dem fehlenden Dach. Insgesamt sind sie meist etwas weniger sportlich ausgelegt, öfter gibt es auch vier Sitze. Das macht den Youngtimer-Familienausflug möglich. Und obwohl eine nennenswerte Zahl von Modellen auf dem Markt ist, gemessen in Stückzahlen ist jedes Cabrio ein Exot. Noch mehr sogar in den Sonnenländern wie Spanien und Italien, in denen man mehr Wert auf eine Klimaanlage legt, statt ein Dach aufreißen zu wollen.

Doch im kühleren Deutschland lieben nicht wenige das besondere Fahrerlebnis, wenn der frische Wind um die Nase weht, während Sitzheizung und Gebläse von unten für wohlige Schauer sorgen. In jedem Fall ist Cabrio-Fahren ein Lebensgefühl und damit sind wir wieder bei dem Wesen der Youngtimer, die mehr als nur ein Transportmittel sind. Das gilt genauso für die Luxusklasse von Ferrari und Lamborghini, die hier mit Rücksicht auf den Geldbeutel nicht vertreten ist. Um deren Überleben muss man sich keine Sorgen machen.

Für jeden Geschmack etwas

Es gibt ein paar große Klassiker wie die von Porsche, Mercedes und Audi, die immer ihren Preis bringen oder sogar schon deutlich angezogen haben wie der 3er-BMW E30. Im preislichen Mittelfeld spielen die drei ehemaligen Kompakt-Konkurrenten von VW, Opel und Ford. Aus Amerika kommen mit Jeep und Corvette zwei typische US-Modelle, die ihre ganz eigene Klientel ansprechen. Etwas zittrig auf den Rädern ist der Pininfarina-Peugeot, genauso bügelfrei rollte Saab daher. Und ohne Frage sein eigener Kult ist der New Beetle knapp vor der 20-Jahres-Grenze, der schon seine eigene Youngtimer-Tour an der Ostsee hat.

Trotz seines Überrollbügels war das »Erdbeerkörbchen« VW Golf Cabrio immer beliebt – nicht erst im Youngtimer-Alter.

- Audi Cabriolet (Typ 89, 1991–2000)
- BMW 3er Cabrio (E36, 1993–1998)
- Chevrolet Corvette (C4, 1986–1996)
- Ford Escort Cabrio (1991–2000)
- Opel Astra F Cabrio (1994–2000)
- Jeep Wrangler (YJ, 1987–1995)
- Mercedes-Benz SL (R 129, 1989–2001)
- Mercedes-Benz Cabrio (W 124, 1991–1997)
- Peugeot 306 Cabrio (1993–2002)
- Porsche 911 (964, 1989–1994)
- Porsche 968 (1991–1995)
- Saab 900 I Cabrio (1986–1994)
- VW Golf III Cabrio (1993–1998)
- VW New Beetle (9C, 2003–2010)

Mehr Infos
https://beetle-sunshinetour.de
www.audi-cabrio-club.info

30

DEUVET

Nationale Instanz

DEUVET-Präsident Peter Schnieder (Mitte) kümmert sich nicht nur um individuelle Fragen, sondern hat auch den Gesetzgeber im Blick.

Auf seiner Generalversammlung im März 2019 hat der 1976 gegründete Verein DEUVET – ein Kürzel für Deutsche Veteranen, hinter dem der Bundesverband für Klubs klassischer Fahrzeuge steckt – seinen Namen in DEUVET – Bundesverband Oldtimer-Youngtimer geändert. Mit diesem Oberbegriff werde dem für die Zukunft wichtigen Aspekt der Gewinnung neuer Interessenten für die historische Szene Rechnung getragen, so stand es in der Pressemitteilung. Denn gerade vor dem Erreichen der 30-Jahre-Grenze für Oldtimer kümmerten sich viele Mitgliedsklubs um den Nachwuchs – und der sollte sich ebenfalls vertreten und anerkannt fühlen.

Deswegen heißt es in der DEUVET-Satzung so schön: »Der Verband verfolgt gemeinnützige Zwecke, indem er die Erhaltung, Pflege und den Betrieb klassischer Fahrzeuge aller Art und entsprechender Anhänger fördert, die als technische Kulturgüter einen wesentlichen Teil der neuzeitlichen technischen Geschichte darstellen.« Neuzeit und Technik, das passt auch für Youngtimer, die damit in den Rang klassischer Fahrzeuge aufrücken.

Lobbyarbeit bis nach Brüssel

Die bedeutendste Leistung des DEUVET war 1997 die Mitbestimmung der gesetzlichen Regeln für Oldtimer-Fahrzeuge und das H-Kennzeichen. Und seit Beginn der Arbeit des Parlamentskreis Automobiles Kulturgut vom Bundestag in Berlin 2009 ist der DEUVET dort regelmäßiger Teilnehmer und ein Partner für Projekte und Umsetzung aktueller Aufgaben. Sogar bis nach Brüssel reicht der Arm des DEUVET mit der Gründung der Historic Vehicle Group im EU-Parlament.

Zwar war der Kampf um das rote Wechselkennzeichen für Youngtimer 2007 vergebens (Kapitel 15), aber der DEUVET hat ein Auge auf die Entwicklungen. So zum Beispiel angesichts drohender Fahrverbote im Zuge der Stickoxid-Debatte für ältere Diesel, die zur Youngtimer-Fraktion gerechnet werden dürfen. In solchen Fällen sieht der DEUVET Handlungsbedarf, weil sonst viele attraktive Fahrzeuge verloren gehen, bevor sie die 30 Jahre erreichen.

Nachwuchs über Youngtimer

Zentral ist aber das Thema Nachwuchsgewinnung der Szene. »Die Alterspyramide bei den Autos und ihren Besitzern, vor allem bei den in typischen Oldtimer-Klubs organisierten, ist mittlerweile recht einseitig auf ›älter‹ gerichtet«, sagt Jan Hennen, DEUVET-Vizepräsident Kommunikation.

Dabei ist man außerordentlich offen und will sogar Anhänger der Tuning-Szene mit den Fans der historischen Mobilität zusammenbringen. Das sei aber nicht so einfach, weil das Engagement in Vereinen als recht »Old School« empfunden wird und man ja gefühlt alle Informationen auch in Foren erhalten könne. Ob Richtiges oder Unrichtiges, sei mal dahingestellt. Damit spannt der DEUVET den Bogen über Fahrzeuge jeden Alters unter dem Stichwort »Emotion« – und das ist hilfreich für alle Freunde rollenden Blechs.

Mehr Infos
www.deuvet.de

Drivestyle

31

Was macht Youngtimer aus?

Wenn Youngtimer schon nicht verbindlich geregelt oder definiert sind, stellt sich die Frage – was macht einen Youngtimer aus? Was unterscheidet einen 20-jährigen Youngtimer von einem x-beliebigen 20-jährigen Gebrauchtwagen? Warum gelten von den aktuell acht Millionen Gebrauchtwagen im Youngtimer-Alter maximal eine Million als Youngtimer?

Sie haben ein tolles *Design* – was eine Mehr- und keine Minderheitsmeinung sein sollte –, sie sorgen für *Emotionen* und sie machen aus jeder Fahrt ein *Erlebnis*. Dazu sollten *Ausstattung* und *Motorisierung* überdurchschnittlich sein. Wenn sie dann noch von einer kultverdächtigen und/oder traditionsreichen *Marke* stammen, dann, ja dann, wird ein Youngtimer geboren. Ein Auto, das mehr als ein Transportmittel zwischen A und B ist. Ein Design und Technikkunstwerk, das jeden begeistert, das den berühmten Schuss Benzin im Blut hat. Schon als Neuwagen begehrenswert, aber erst als Youngtimer erschwinglich.

Emotionen und Erlebnis machen einen Youngtimer aus. Ein Fahr- und Lebensgefühl abseits des Mainstreams. Mit viel Liebe zu schönem Blech.

Youngtimer-Potenzial gibt es quasi genetisch ab Werk durch den »richtigen« Hersteller. Aber auch durch Sozialisation, sprich durch Motorsport-Erfolge eines Modells, Design- oder Technikpreise. Und natürlich jede Menge Emotion, den Drivestyle. Etwas, das sich so schwer fassen lässt wie Partikel im Abgas. Sagen wir es so: Wenn ein Auto förmlich nach einem Fahrer schreit, viel, gern und artgerecht bewegt zu werden, dann haben wir Drivestyle. Und haben wir dazu noch einen Klub, ist die Sache sonnenklar – Youngtimer.

Es hängt von allen Faktoren ab

Das passt nicht bei jedem Auto zu jedem Fahrer. Aber der Fahrer findet sein Auto, und das Auto seinen Fahrer. Man denke nur an den legendären Magnus Walker aus Kalifornien. Seine Porsche sehen aus wie er. Nicht geschleckt, nicht gewollt originell, sondern einfach wie er sein Leben lebt. Auch das macht einen Youngtimer aus.

Der Chrysler PT Cruiser war als Neuwagen ein Hingucker. Doch der Glanz war schnell dahin und sein Status als Youngtimer ist zumindest umstritten.

Manchmal geht das Experiment auch schief. So war der Chrysler PT Cruiser (2000–2010) in seinem Retro-Look zu Beginn ungeheuer angesagt und ausverkauft, bevor er ins Land kam. Doch der Glanz war schnell dahin. Weder Marke noch Technik konnten die Emotionen bewahren, die vom Design ausgelöst worden waren. Das reicht nicht und heute, an der Schwelle zum Youngtimer, ist das Modell so gut wie tot. Anders das Audi Coupé B3 (1987–1996). Wirtschaftlich ein Flop, nicht mal 74 000 Stück wurden vom quattro-Nachfolger in zehn Jahren verkauft. Heute ist das Coupé begehrt, besonders als S2-Version, die nur zehn Prozent der Produktion ausmachte. Hier passen Marke, Design und Technik perfekt.

Mehr Infos
https://motoraver.de
www.traeume-wagen.de

Helden der Promenade

32

Youngtimer-Coupés

Genauso wie Cabrios sind Coupés immer etwas Besonderes. Und sei es nur, weil der Besitzer mehr Wert aufs Design als auf Praktikabilität legt.

Nichts ist einfacher, als ein Coupé zu zeichnen, sagen Designer. Das flotte Heck macht viele Fingerübungen überflüssig, die einer Limousine oder einem Kombi Chic verleihen sollen. Und weil das Coupé verwindungssteifer auf der Straße steht als ein Cabrio, gehörte in den 1990ern mindestens ein Coupé in jedes Modellprogramm. Und wir reden hier von mehr als nur zweitürigen Coupé-Limousinen wie beim 3er-BMW (E36).

Und so ist die Auswahl an Youngtimer-Coupés vor 2000 geradezu opulent. Neben klassischen Sportwagen wie Corvette und 911 gab es zahlreiche Ableger, die danach meist keinen direkten Nachfolger fanden, weil der Trend vorüberging. Das macht sie als Youngtimer noch einmal spannender. Nicht reden müssen wir an dieser Stelle von Supercars in der Liga von McLaren und Ferrari, die nur als Coupé oder Cabrio zu bekommen waren, sich aber damals wie heute außerhalb der finanziellen Reichweite des normalen Autoliebhabers bewegen – Youngtimer-Fahren bedeutet bezahlbare Freuden auf hohem Niveau.

Buntes Marken-Allerlei

Natürlich ist die folgende Liste alles andere als abschließend, zeigt aber eine schöne Auswahl an Marken und Modellen, von denen einige nicht mehr oft auf der Straße zu sehen sind. Alle perfekte Youngtimer und meistens noch gut verfügbar. Vielfach schon von erster Hand gepflegt, mit mäßigen Kilometerständen, zuverlässig, weil ohne viel Elektronik an Bord und im Ü20-Alter erschwinglich. Wobei klar sein dürfte, dass ein 8er-BMW nicht so günstig kommt wie ein Audi TT. Dafür aber auch nicht so schwer zu finden ist wie ein Subaru SVX. Und wenn Fragen auftauchen, zu jedem gibt es einen Klub, ein Online-Verzeichnis findet sich beispielsweise auf der Klassik-Plattform bei Zwischengas oder der Oldtimer-App.

Der VW Corrado gehört zu den besonderen Modellen im VW-Konzern und ist besonders mit G-Lader ein beliebtes Modell.

- Audi TT (1998–2006)
- BMW Z3 Coupé (E36, 1998–2002)
- BMW 8er (E 31, 1989–1999)
- Chevrolet Corvette (C4, 1983–1996)
- Mercedes-Benz E-Coupé (W 124, 1987–1996)
- Mercedes-Benz S-Coupé (W 140, 1994–1998)
- Opel Calibra (1989–1997)
- Peugeot 406 Coupé (1997–2001)
- Porsche 968 (1991–1995)
- Porsche 911 (964, 1989–1994)
- Porsche 911 (993, 1993–1996)
- Porsche 928 GTS (1992–1995)
- Saab 900 I (1978–1994)
- Subaru SVX (1991–1997)
- VW Corrado (1988–1995)

Mehr Infos
www.zwischengas.com
www.oldtimerapp.com

Youngtimer-Händler

33

Profis unter sich

Ein ausschließlicher Youngtimer-Händler findet sich aktuell nicht. Vermutlich, weil das die potenzielle Kundschaft zu stark begrenzen würde. Dafür gibt es zahlreiche Klassik- oder Oldtimer-Händler, die zugleich Youngtimer anbieten. Nur beispielhaft sei Mirbach-Schuttenbach in Anzing bei München erwähnt. Mit der Suchfunktion lässt sich das Angebot gezielt auf Youngtimer begrenzen. Und dort findet man die jungen 911er, einen Lancia Delta Integrale oder Jaguar der 1990er-Jahre. Begehrte Autos unter 30 Jahre.

Genauso bei Kienle in Heimerdingen bei Stuttgart, der ebenfalls eine Extra-Rubrik Youngtimer anbietet. Auch andere Anbieter haben mal mehr

Bei nur wenigen Klassik-Händlern lässt sich gezielt nach Youngtimern suchen. Meist teurere Modelle, die besonders lukrativ sind.

oder weniger aktuelle Youngtimer im Portfolio. Eine aktuell zusammengestellte Liste kann nur ein Anhaltspunkt, aber keine abschließende Übersicht oder gar Bewertung des Marktes sein.

Meist führt eine Google-Suche nach »Youngtimer-Händlern« zu Klassik-Händlern, die auch, aber nur wenig oder gar keine Youngtimer im Programm haben. Denn die Crux liegt hier nicht zuletzt im Preis. Zwar gibt es edle Youngtimer von Ferrari, Porsche oder Mercedes, mit denen sich gutes Geld verdienen lässt. Doch das sind nur die oberen 20 Prozent. Für diese Premium-Händler lohnt sich das Youngtimer-Geschäft, darunter wird es schwieriger.

Exklusives beim Spezialisten

Die Masse der Youngtimer-Angebote rangiert deutlich im niedrigen fünfstelligen Bereich bei den Volumenmarken. Dort wird die Rendite klein, für Spezialisten lohnt sich das nicht. Sprich, diese Fahrzeuge werden vermehrt über den Gebraucht- und Privatwagenhandel abgewickelt. Sie lassen sich zwar durch Internet-Autoportale leicht finden, aber dort gilt es, die Spreu vom Weizen zu trennen. Unter dem Eindruck des neuen Gewährleistungsrechts ab 2022 werden Händler so alte Autos nur noch selten anbieten, denn es lohnt sich für sie nicht mehr. Oder es ist zu riskant. Dafür werden Privat- und Vermittlungsgeschäfte ohne Gewährleistungsanspruch zunehmen.

Wer das Exklusive sucht, ist daher bei den spezialisierten Händlern richtig. Aber wer unter den Volumenmarken seinen Traumwagen sucht, ist auf den Internetbörsen mit Privat- oder Händlerangeboten gut aufgehoben. Zumal es dort preislich attraktiv ist. Wie bei Klubs und auf Messen haben Youngtimer der 1990er den Durchbruch im Markt noch nicht geschafft. Gott sei Dank, muss man sagen, da bleibt das Hobby bisher noch erschwinglich.

Mehr Infos

www.schuttenbach-automobile.de
www.classiccenter-koeln.de
www.cog-classics.com
https://young-classic-cars.com
www.wagner-classics.de
www.automobile-lopp.de
www.kienle.com

34

Motoraver

Auto. Punk. Und Youngtimer

Im Zuge der Youngtimer-Diskussion gegen Ende der 1990er-Jahre gründete ein fantasievoller Maschinenbauingenieur und Grafiker seinen eigenen Verlag mit der Zeitschrift »Motoraver«: Helge Thomsen, Jahrgang 1967. Unterzeile: Auto. Punk. Magazin. Auto-Punks, Drivestyler, Oldtimer-Besitzer und alternative Schrauber dürfen sich angesprochen fühlen.

Der englische Begriff »rave« lässt sich mit schwärmen und fantasieren übersetzen. Damals trafen sich Fahrer cooler Autos – ergo Youngtimer – an ungewöhnlichen Plätzen zum Partymachen. Und gründeten in einer alten Waschstraße in Hamburg 1997 die »Motoraver« als Szene und als begleitende Zeitschrift. Es war die Zeit, als alte Autos – aber eben keine Oldtimer – in Nachwuchskreisen hipp wurden.

Auf Parkplätzen begann der Motorave vor 30 Jahren, eigentlich nur das lockere Treffen junger Leute mit alten, coolen Kisten.

Drivestyle und Design-Unfall

Doch zurück zur Website von Helge: Kennzeichnend sei der Drivestyle, das »Raven« für exzessives Spaßhaben in alten Autos, die stylish sein müssen. Sind das nicht auch Youngtimer? Gegen den Neuwagentrend? Man kann die Motoraver als eigenen Stil verstehen, man kann es aber auch als Keimzelle, Sidekick oder was-auch-immer zum Youngtimer-Trend verstehen, der viele dieser Elemente ebenfalls in sich vereint.

Liebe zum alten Blech drückt sich nicht darin aus, das neueste Poliershampoo zu testen – jedenfalls nach der Meinung der Motoraver. Und es geht auch längst nicht nur um ganz altes oder altes Blech. Selbst ein VW Beetle darf in Helges Werkstatt fahren, als »Design-Unfall«. Und wird dort zum Low Budget Custom Projekt, um eine »halb-

Die Grenzen zwischen den Autogenerationen sind bei den Motoravern fließend – Spaß macht, was gefällt.

Helge Thomsen gründete das »Motoraver Magazin«. Als »Urknall« der Szene gilt ein Happening in einer ausgedienten Waschstraße 1997 an der Hamburger Max-Brauer-Allee.

wegs respektable Alltagskarre« zu haben. Youngtimer plus Tuning, das ist Motoraver-konform.

Und weil Helge das vor der Kamera fürs »Grip-Magazin« oder das »Youngtimer-Duell« alles so schön erzählen kann, ist er mittlerweile eine Marke in der Szene, ein kreativer Kopf rund um Old- und, jawohl, Youngtimer. Auch wenn selbige erst mit dem »Youngtimer-Duell« auf DMAX wortwörtlich stattfinden, und es dort auch nicht nur um jüngere Oldtimer geht. Ob die Motoraver als Youngtimer gesehen werden wollen oder nur im gleichen Teich automobiler Leidenschaft schwimmen ist dabei nebensächlich. Sicher ist – sie sind dabei.

Mehr Infos
www.helgethomsen.com
www.motoraver.de

35

Tuning-Alarm

Youngtimer als erste Wahl

Große Youngtimer-Freunde sind – die Tuner. Anders kann man es kaum sagen, geht man mal zu den renommierten Veranstaltungen. Denn die Tuning-Szene setzt auf etwas ältere Fahrzeuge: die sind für die Kunden erstens erschwinglicher und zweitens bereits vielfach am Markt. Sprich, ein Tuning-Kit kann öfter verkauft werden. Tuner wie Youngtimer-Fans halten aber immer nach den besonderen Modellen Ausschau. Eben jenen, die cool und stylish sind – oder werden.

Dazu zählen vor allem Modelle von BMW, VW und Audi, die noch stärker, noch auffälliger und noch sportlicher aufgebaut werden. Und bei denen Tuning eine lange Tradition hat. Und Youngtimer fangen da nicht erst bei 20 Jahren an. Schon allein die Verbreitung und Beliebtheit der BMW 3er-Reihe E 46 (1998–2005) ist so groß, dass sie zur Kernklientel

Tuning ist bei Youngtimern sehr beliebt und weitaus weniger problematisch als bei Oldtimern.

von Youngtimer-Fans gerechnet werden muss – und genauso die jüngeren 3er-Nachfolger. Tuning fängt also weit vor 20 Jahren an, hört aber im Youngtimer-Alter noch lange nicht auf.

Das Gute noch besser machen

Und so geraten die großen Tuning-Shows in Essen und am Bodensee zweifelsfrei zu – wenn nicht reinrassigen – immer etwas wie Youngtimer-Treffen. Gleiches gilt für die Youngtimer-Expo in Erfurt, die das Motto mit Tuning und Motorsport emotional noch weiter auflädt. Nichts anderes ist bei den PS Days in Hannover zu erwarten, die 2022 ihr Debüt gaben.

Tuning ist übrigens erlaubt und wird sogar gern gesehen, wie die Ausschreibung der Creme 21 Youngtimer Rallye schreibt. Und auch die Szene-Helden wie Motoraver Helge Thomsen oder PS-Profi Sidney Hoffmann schrauben natürlich nicht an Neuwagen, sondern an älteren Autos, denen sie noch etwas mehr Emotion einhauchen – und die nicht selten im besten Youngtimer-Alter sind – oder dort bald ankommen.

Begehrte Autos individualisieren, verschönern und den richtigen Drivestyle draus machen – das ist Youngtimer-Kult vom Feinsten. Womit nicht gesagt werden soll, dass ein originaler M3-E 36 nicht auch seine Berechtigung hätte und im Grunde gar kein Tuning mehr braucht. Der Tuningfreund zeigt seine Leidenschaft für und mit Youngtimern nur etwas offensiver …

BMW-Modelle gehören traditionell zu den beliebtesten Youngtimern und zu den genauso beliebten Tuningobjekten.

Mehr Infos
https://essen-motorshow.de
www.tuningworldbodensee.de
www.autotuning.de
www.motor-talk.de
https://eurotuner.de

Youngtimer-Klubs

36

Wo fahren sie denn?

Echte Youngtimerclubs sind rar, doch in vielen Markenclubs geht es vor allem um Youngtimer, auch wenn das nicht im Clubnamen steht.

Gemessen an den hunderten Oldtimer-Klubs sind solche für Youngtimer rar. Da ist es wieder, das Phänomen Youngtimer. Alle kennen sie, alle wissen, um was es geht, aber Youngtimer-Fans sind nicht organisiert. Wollen sie vielleicht auch nicht, weil sie lieber fahren. Und so gibt es nur eine Handvoll Klubs, von denen sich nicht wenige heute umbenennen müssten. Denn wer vor 20 Jahren einen Klub mit damals 20-jährigen Fahrzeugen gründete, hat heute ein Ensemble Oldtimer am Start. Und so ist eine Generation Youngtimer unmerklich abgedriftet ins Oldtimerlager und der Nachwuchs tickt offenbar anders.

So treffen sich in der Schweizer Youngtimer-Connection Autofreunde der 1970er/1980er/1990er-Jahre, von denen nur Letztere aus heutiger Sicht einen altersgerechten Youngtimer fahren. Auch bei den Youngtimercars scheint die Zeit in den 1970ern stehengeblieben zu sein, ebenso beim Youngtimer-Klub am Rhein, der seine alten Escorts und Capris pflegt. Sogar der Sterne-Blog für Mercedes-Youngtimer endet beim W 124. Und der Youngtimer-Blog ist gar völlig zum Erliegen gekommen.

Youngtimer-Fans sind keine Vereinsmeier

Der Clubgeist bei den Beerfelden Classix bevorzugt 25-jährige Fahrzeuge, lässt aber sogar jüngere Modelle zu, wenn »Leidenschaft fürs Auto« vorhanden ist. Und das ist der entscheidende Punkt! Diesen offenen Geist findet man in vielen Klubs, IGs und Gemeinschaften. Geradezu vorbildlich präsentiert sich der Old- und Youngtimer-Klub »Kultschlitten« in Österreich, der es auf den Punkt bringt: Es geht um Hilfe beim Schrauben, Spaß beim Fahren und Knüpfen von Kontakten. Und so tauchen die Youngtimer nicht selten im Beiprogramm bestehender Oldtimer-Klubs auf. Die immerhin noch eine eigene Website haben, während Youngtimer-Communities sehr viel unverbindlicher gepflegt werden.

Vereinsmeierei und Youngtimer, das geht offenbar nicht gut zusammen. Oder schon, dann aber nicht unter dem Schlagwort. In zahllosen BMW- und Audi-Klubs ohne Klassik-Hinweis im Namen werden bevorzugt Young- und keine Oldtimer gepflegt und gefahren. Als Paradebeispiel sei hier das BMW-Syndikat erwähnt, in denen es von Modellen rund um den BMW E 46 nur so wimmelt. Merke: Zeitgenössische Liebhaberei definiert sich eher über die Marke als über das Alter.

Mehr Infos

www.youngtimercars.ch
www.youngtimer-connection.ch
www.beerfelden-classix.de
www.young-oldtimer-neuwied.de
www.bmw-syndikat.de
www.kultschlitten.at
https://sterne-blog.de
https://italo-youngtimer.de

Amerikas Ikonen

37

Die schönsten Youngtimer

Die US-Car-Szene schreibt ihre ganz eigene Geschichte. Das heißt, Youngtimer aus US-Provenienz definieren sich weniger über ihren Youngtimer- als über ihren Herkunfts-Status. Ähnlich wie bei den historischen Motorsportlern und Tunern, nur dort thematisch und hier über das Land. Nicht, dass die US-Car-Fans sich völlig abschotten, auch auf markenoffenen Treffen finden sich US-Cars. Doch letztlich definiert sich diese Szene über ihren speziellen Lifestyle, Old- und Youngtimer eingeschlossen, und bleibt daher immer etwas unter sich.

Die Corvette ist der populärste US-Sportwagen und in jeder Generation ein Klassiker ab Werk. Und damit im entsprechenden Alter auch ein Youngtimer.

Das betrifft vor allem alle Marken und Modelle, die jenseits des Atlantiks bekannt und verbreitet sind, hier aber zu den Exoten zählen. Zumal es sie meist nur als Grauimport gab, weil die Hersteller sie nicht offiziell nach Deutschland einführten. Nur eine Handvoll US-Modelle sind für die europäische Youngtimer-Szene von Interesse und wecken auch bei Nicht-US-Fans Begehrlichkeit. Dazu zählt das Ur-Modell aller Pony-Cars, der Ford Mustang.

Sport- und Supersportwagen

Während die erste Mustang-Generation sich uneingeschränkter Beliebtheit als Oldtimer erfreut, sind die Youngtimer-Kandidaten als Typ III (bis 1994) und IV (ab 1994) deutlich weniger populär, weil weniger attraktiv. Es ist kaum zu erwarten, dass sie außerhalb von Amerika Kult- und/oder Youngtimer-Status erreichen werden. Gleiches gilt für den zweiten potenziellen Kandidaten, den Chevrolet Camaro, der 1993 neu auf den Markt kam.

Etwas anders sieht das beim klassischen US-Sportwagen aus, der Corvette. Die gab es als Generation C4 bis 1996 und danach als C5. Beide haben ihre feste Fangemeinde, sogar außerhalb der eigentlichen US-Car-

Die Dodge Viper ist ein Supersportwagen der 1990er-Jahre. Kleine Auflage, starker Motor, extravagantes Design – mehr Youngtimer geht nicht.

Szene. Wie bei Porsche oder Ferrari, definiert sich die Corvette als Klassiker ab Werk. Und damit auch als Youngtimer.

In den 1990ern gab es darüber hinaus einen Supersportwagen aus Amerika, der nicht zuletzt durch seinen ungewöhnlichen Zehnzylinder-Motor für Faszination sorgte – die erste Dodge/Chrysler Viper. Ob Roadster oder Coupé, das brachiale Auto ist durch seine Stückzahl von weniger als 8500 Exemplaren von 1992 bis 2002, seiner Motorsport-Historie, des Designs und der Technik wegen selbstredend ein Vorzeige-Youngtimer der US-Car-Szene.

Mehr Infos
www.viperclub.de
www.corvette-club-germany.de
www.mustangclub.de
www.camaroclub.de

PS-Profis

38

Helden der Szene

Es gibt Menschen, die sind mit und durch das Auto berühmt geworden. Dazu zählen vor allem Rennfahrer, die an der Schwelle zwischen Leben und Tod Gas geben. Moderne Helden, ob sie nun Formel 1 oder Rallye fahren. Nicht ganz so extrem geht es bei zahlreichen Auto-Formaten im Fernsehen zu, in denen meist Neuwagen getestet oder Tipps zum Fahren und Reparieren gegeben werden. Und dann gibt es seit einigen Jahren noch ein paar selbsternannte Auto-Experten, die mit Gebrauchtwagen-Geschichten bekannt geworden sind. Da geht es um den Kauf, das Tuning, den Vergleich oder die Reparatur – und es sind gelegentlich Youngtimer dabei.

Ob man Det Müller und seine spezielle Art mag oder nicht – er gehört in jedem Fall zur Youngtimer-Szene, auch wenn er mit Gebrauchtwagen aller Art unterwegs ist.

Ob es gerechtfertigt ist, dann gleich von Old- und Youngtimer-Experten zu sprechen, lassen wir hier mal offen. Sicher ist das automobile Grundverständnis und die Erfahrung bei diesen Protagonisten ausreichend groß, ein Auto zu beurteilen. Sicher ist aber auch, dass diese Typen echte Eigenmarken sind und der hohe Unterhaltungswert ihr eigentlicher Mehrwert ist.

Einer davon ist Detlef »Det« Müller in der Sendung »Grip«. Seine Aufgabe in dem Format »Mein neuer Alter« besteht darin, ein bezahlbares Fahrzeug für Familien in Not zu finden. Das ist Budget-bedingt meist ein älteres Fahrzeug. Der Youngtimer-Aspekt spielt eine kleinere Rolle als der Nutzwert. Und auch wenn sich Det in Büchern und Interviews, auf Messen und Treffen mit allen Autos irgendwie auskennt – er ist mehr ein Auto-Multi-Talent als ein Youngtimer-Held.

Authentisch und kompetent

Da ist Helge Thomsen mit seiner Sendung »Youngtimer Duell« schon dichter am Thema, auch wenn es sich nicht immer um Youngtimer, sondern gern auch um Oldtimer handelt. Immerhin, der Kultfaktor der Autos spielt eine große Rolle, und so ist der »Motoraver« Thomsen mit

Die PS-Profis Sydney Hoffmann (2. v. li.) und Jean Pierre Kraemer sind zwar kein TV-Team mehr, haben aber beide auf ihre Art Kultstatus in der Youngtimer-Szene.

seinen Projekten durchaus authentisch und eine Marke der Youngtimer-Szene (Kapitel 34).

Richtig für Furore sorgten aber zwei Helden aus dem Pott: Die PS-Profis Sidney Hoffmann und Jean Pierre Kraemer bereichern seit zehn Jahren das Thema Youngtimer. Obwohl es »nur« um Gebrauchtwagenhilfe für Kunden geht, sehen die beiden Auto-Experten ihre Aufgabe nicht darin, Brot-und-Butter-Autos von der Stange zu organisieren.

Es geht schon immer um besondere Autos und das ist auch so geblieben, obwohl sie mittlerweile getrennte Wege mit ihren eigenen Firmen gehen. Die sich aber vor allem um schöne Gebrauchtwagen, ergo Youngtimer, drehen. Die dann nicht selten verbessert, optimiert, getunt werden – das liegt dort Hand in Hand. In jedem Fall sind beide Experten wahre Szene-Helden.

Mehr Infos
https://helgethomsen.com
www.detmueller.de
www.siind.de
www.jp-performance.de

39

Autoportale

Der schnelle Einkauf

Über drei große Internetportale findet sich am schnellsten ein großes Angebot an aktuellen Youngtimern der Jahrgänge 1990 bis 2000. Da fast alle Händler auf die Verkaufs-Portale angewiesen sind, deckt man mit der Suche dort schon mal weitgehend den Markt ab. Denn was dort nicht gelistet wird, ist nur schwer zu finden. Es lohnt sich aber, dort Händler zu erkennen und zu finden, die regelmäßig Youngtimer im Angebot haben – und sie schneller oder bevorzugt auf der eigenen Website anbieten. Das kann sich manchmal lohnen.

Unglaubliche 25 000 Youngtimer-Inserate (Mai 2021) von 1991 bis 2001 hat allein Mobile auf seiner Seite. Und das gilt nur für die Deutschland-Abfrage; wer einen italienischen Youngtimer sucht, kann die Länderabfrage auf Italien ausdehnen. Masse ist aber nicht allein zielführend. Es muss viel Spreu vom Weizen getrennt werden, um die Schnäppchen herauszufinden.

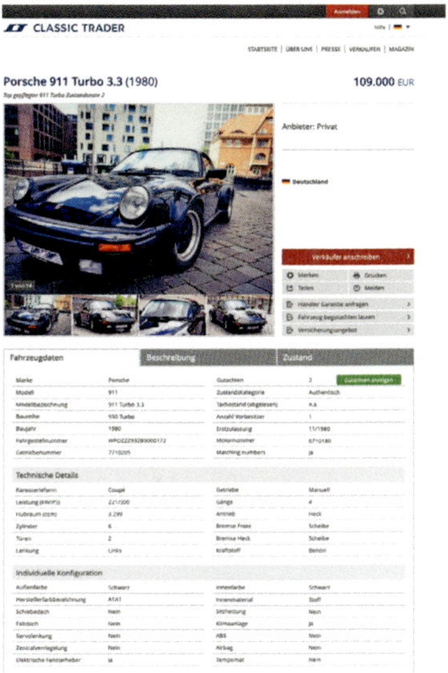

Auf den diversen Gebrauchtwagen-Plattformen im Internet finden sich tausende Youngtimer. Meist nicht unter dem Schlagwort, sondern über den Altersfilter.

Und nicht jeder Golf von 1996 ist automatisch ein Youngtimer, bloß weil er 25 Jahre alt ist. Es muss schon etwas Spezielles sein, wie zum Beispiel der beliebte GTI. Von dem werden bei maximal 150 000 Kilometer Laufleistung nicht mal 100 Stück hierzulande angeboten. Speziell nach Youngtimer-Angeboten kann man nicht suchen, nur nach Oldtimern.

Filtern und vergleichen

Gleiches gilt für den zweiten Big Player in Deutschland, Autoscout24. Auch dort finden sich mehr als 23 000 Angebote im Alter von 20 bis 30 Jahre. Reduziert man sich auf den Golf GTI, bleiben 13 Angebote. Die müssen nicht die gleichen wie bei Mobile sein, hier muss verglichen werden. Filterfunktionen wie Anzahl der Vorbesitzer und Scheckheftpflege erleichtern die Suche. Weitere Angebote finden sich auf der schweizerischen Partnerseite von Autoscout24.

Als Fach-Markt darf man Classic Trader verstehen, denn dort werden explizit Old- und Youngtimer angeboten. Die Auswahl ist deutlich geringer – rund 1500 Treffer im passenden Autoalter –, dafür sind dort viele Angebote von Fachbetrieben. Die können teurer sein, dafür darf man mehr Vertrauen haben. Und man stößt schneller auf die Spezialisten, die sich bevorzugt mit solchen Fahrzeugen beschäftigen, sie kennen und handeln.

Mit ihnen in Kontakt zu kommen ist immer hilfreich. Sei es für Tipps, sei es für Kontakte, sei es als konkrete Kaufhilfe für ein sehr spezielles Modell. Ein kleines Portal in der Schweiz findet sich auf der Klassik-Seite von Zwischengas. Dort lassen sich ebenfalls gezielt Fahrzeuge der Baujahre von 1990 bis 2000 suchen. Die Qualität und Ausstattung der Fahrzeuge ist sehr gut, bei der Überführung nach Deutschland oder Österreich muss allerdings der Zoll berücksichtigt werden.

Mehr Infos
www.mobile.de
www.autoscout24.de
www.autoscout24.ch
www.zwischengas.com
www.classic-trader.com

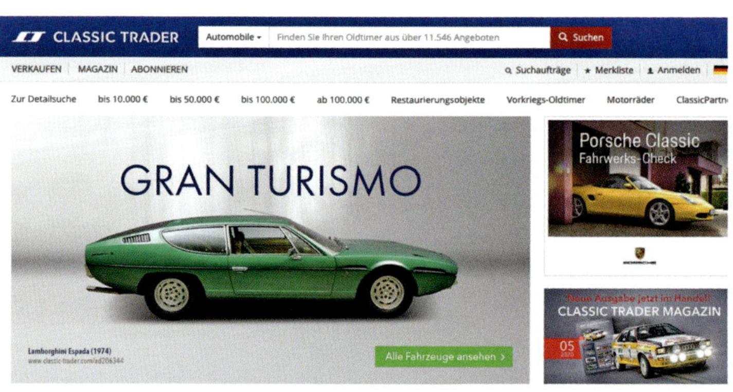

Auf Classic Trader finden sich nicht nur Oldtimer, sondern auch neuere Sportwagen und natürlich Youngtimer.

Ford

40

Die schönsten Youngtimer aus Köln

Der Ford Puma gehört zwar zu den jüngsten Youngtimern, hat aber schon seine eigene Fan-Base – immer ein gutes Zeichen für Youngtimer.

Bei Ford Europe fallen einem vor allem nützliche Autos ein. Der kleine Fiesta, der kompakte Escort, heute Focus, oder der große Mondeo, der kurz vor dem Eintritt ins Oldtimer-Alter steht. Emotion ist da eher Fehlanzeige. Nicht mal den spannenden Mustang hat die US-Mutter den Europäern regelmäßig ins Programm gestellt.

Umso höher muss man es den Kölnern anrechnen, dass sie immer wieder mal ein Modell versucht haben, das Esprit versprühen sollte, um das Image zu verbessern. Das gelang mal besser, mal schlechter und wir wollen an dieser Stelle nicht über den Ka der 1990er-Jahre sprechen. Der gewann zwar Design-Preise, schaffte es aber nicht bis ins Herz der Youngtimer-Fans. Nein, auch nicht als ein auf jugendlich gestylter Street- oder Sportka.

Etwas interessanter ist dafür der Puma (1997–2001) auf Basis des Fiesta, dem zwar nur ein kurzes Leben vergönnt war, doch bei dem sogar Steve McQueen am Steuer saß – natürlich nur animiert und aus »Bullitt« kopiert. Der Anspruch war hoch, das Coupé als Straßenfeger zu positionieren. Zu hoch? Immerhin gibt es bis heute ein Forum und eine Fangemeinde.

Der Ford Probe war zwar kein Überflieger, gehört aber zu den interessanteren Modellen der Marke aus den 1990er-Jahren.

Rennsport für die Straße

Das größere Coupé ist der Ford Probe (1988–1997). Der eigentlich ein Mazda MX-6 war und mit Klappscheinwerfern so etwas wie der große Bruder des MX-5 sein sollte. Der Probe wurde in Amerika produziert und nach Europa exportiert – mehr dem Imagegedanken geschuldet als aus echter Überzeugung. Er blieb ein Nischenmodell, das für wenig Aufregung sorgte. Was ihm allerdings nicht seine Youngtimer-Qualität abspricht. Über den Nachfolger Cougar breitet man dagegen lieber den Mantel des Schweigens – nach nur vier Jahren hatte auch der Hersteller ein Einsehen und beendete das eigenwillige Sportcoupé.

Spannend aus Youngtimer-Sicht sind letzten Endes nur die Wölfe im Schafspelz – die XR-Modelle der Bestseller Fiesta und Escort. Beim Fiesta (1989–1996) nennt sich das XR2i und liefert 130 PS. Wer schon den Vorgänger XR2 kannte, wird von dem Einspritzmodell nicht weniger begeistert sein. Beim Escort (1990–1995) gab es gleich zwei Topmodelle: XR3i (130 PS) und RS 2000 (150 PS). Daneben gab es noch eine 220 PS starke Rallyesport-Version RS Cosworth – ein halber Sierra, der größtenteils bei Karmann zusammengeschraubt wurde.

Mehr Infos
www.ford-puma-forum.net

Nachwuchsgeneration

41

1990er-Jahre sind jetzt aktuell

Wer heute von Youngtimern spricht, meint altersmäßig die Autos der 1990er-Jahre. Die könnte man auch als die zweite oder Nachwuchs-Generation bezeichnen, denn mit Entstehen des Begriffs um das Jahr 2000 herum waren vor allem die Autos der 1970er- und 1980er-Jahre gemeint. Damals ging es vor allem darum, die Fahrzeuge vor Rost und dem Finanzamt zu retten. Durch Enthusiasten, die noch schrauben konnten. Und wollten. Das ist bei den neuen Youngtimern der 1990er kein so großes Thema mehr.

Gab es früher in jeder Autozeitschrift einen Serviceteil, um kleinere und größere Arbeiten am Fahrzeug selbst zu machen, so findet dort heute eher Lifestyle-Reportage statt. Denn an neuen Autos kann und muss weniger geschraubt werden. Ein Trend, der schon in den 1990ern begann, als die Solidität der Fahrzeuge einen Höhepunkt erreichte. Und erst ab 2000 durch rigorose Sparmaßnahmen in den Konzernen – Stichwort Lopez-Effekt – wieder abnahm. Von den neueren Elektronikproblemen mal ganz zu schweigen.

Der erste Großserien-Roadster der Neuzeit von BMW hat nahtlos den Übergang in die Youngtimer-Zeit geschafft – und ist heute noch günstig zu haben.

Der Opel Calibra hatte schon zu Produktionszeiten seine Fangemeinde. Gute Exemplare sind rar und unter Youngtimer-Freunden gesucht.

So kommen mehrere Faktoren zusammen, die für die Nachwuchs-Generation sprechen: Die Autos sind solide, einfach zu reparieren und es gibt vielfach noch ausreichend Ersatzteile. Die Autos sind alltagstauglich, d. h. weniger aufwendig in Pflege und Unterhalt. Diese Modelle wurden bereits in hohen Stückzahlen hergestellt: Es gibt eine ordentliche Auswahl am Markt und man muss keine Ruine aufbauen, sondern kann gleich ein solides Fahrzeug kaufen. Und eine neue Generation kann sich diese Autos ihrer Kindheit jetzt auch leisten.

Dass die Preise für begehrte Modelle sich nach oben bewegen, haben Marktbeobachter wie Classic Data oder Classic Analytics längst bemerkt. Der Trend zu diesen neuen Youngtimern ist da. Aber auch hier gilt: Nicht jedes 20-jährige Modell ist ein gefragter Youngtimer. Je mehr Brot-und-Butter-, sprich, Basis-Modell, umso geringer Nachfrage und Preis. Schaut man sich Youngtimer-Träume wie BMW Z3 Coupé oder Opel Calibra Turbo an, sind deutliche Preissteigerungen von 2015 bis 2020 erkennbar. Grundsätzlich sind alle Coupés, Cabrios und Roadster, Topmodelle und Kleinserien interessante Kauf- und manchmal Anlageobjekte.

Mehr Infos

www.youngtimerfans-hi.de
www.youngtimer-connection.ch
www.classic-data.de
www.classic-analytics.de

42

Top Shots

Beliebt, beliebter, am beliebtesten

Wen soll man nach den beliebtesten Youngtimern fragen? Und was heißt beliebt? Am meisten gebaut, am meisten gewünscht, am meisten gehandelt? Eine verlässliche Quelle dazu gibt es nicht – selbst wenn man alle acht Millionen registrierten Youngtimer beim Kraftfahrt-Bundesamt in Flensburg auflisten würde, wäre das nur eine Mengenstatistik.

Immerhin, das Autoportal Autoscout24 hat jahrelang die Zahl der Abfragen gemessen, die sich auf Fahrzeuge aus den 1990er-Jahren beziehen. Aus diesem Interesse kann man indirekt eine gewisse Begehrlichkeit ablesen. Natürlich variieren die Antworten leicht von Jahr zu Jahr, aber ein Trend ist durchaus ablesbar, der übrigens nicht viel anders bei den Oldtimern aussieht. Auch dort gehören VW, Mercedes-Benz und BMW zu den Lieblingsmodellen. Hier kommt die Nachwuchs-Generation:

Das G-Modell von Mercedes blickt auf eine Bauzeit seit 1979 zurück. Die kleine Stückzahl hat nichts mit der Beliebtheit zu tun – der »G« ist Superkult, ob Young- oder Oldtimer.

- BMW 3er E36 (1990–1998)
- BMW 8er E31 (1989–1999)
- BMW 5er E34 (1988–1996)
- Mercedes-Benz W 124 (1984–1997)
- Mercedes-Benz G-Modell W 461 (1992–2013)
- VW Bus T4 (1990–2003)
- VW Corrado (1988–1995)
- VW Golf III (1991–1997)

Vorsicht, Statistik

Jede Statistik muss aber richtig gelesen werden. So ist der VW Bus ein Klassiker in der Suche, sprich, immer begehrt und immer gesucht. Das wird auf den T3 und den T5 ebenso zutreffen – da wird nicht in erster Linie der Youngtimer gesucht, sondern das Freizeitmobil. Gleiches dürfte für die Mercedes G-Klasse gelten, die wegen ihrer Eigenschaften und nicht wegen ihres Alters gefragt ist.

Der 3er-BMW ist immer beliebt, das färbt bis ins Youngtimer-Alter ab. Teure BMW wie der 8er oder besser motorisierte 5er sind ebenfalls gesuchte Modelle, die man sich als Neuwagen früher nicht leisten konnte, aber viel Fahrspaß garantieren. Auch die eher brave W 124er-Reihe von Mercedes kommt weniger als Limousine, sondern vielmehr als Cabrio und Coupé zu Youngtimer-Ehren.

Die 3er-Reihe von BMW ist zeitlos beliebt, egal in welchem Alter. Markenimage und Sportlichkeit sind eine gute Kombination.

Neben diesen Allzeit-Klassikern tauchten bei Autoscout24 im Ranking auch immer wieder »Exoten« auf, wie Suzuki Vitara, Jeep Wrangler oder Honda CRX. Das mag mal ein Jahr im Trend liegen, eine generelle Beliebtheit lässt sich aus diesen Eintagsfliegen nicht ablesen.

Mehr Infos
www.autoscout24.de

Porsche

43

Die schönsten Youngtimer aus Zuffenhausen

Porsche-Modelle erreichen auf Grund ihrer Werthaltigkeit meist ein längeres Autoleben und werden damit quasi unweigerlich erst zu Young- und dann zu Oldtimern.

Keine Frage, eine große Marke wie Porsche hat alle Eigenschaften, dass jeder Neuwagen irgendwann zu einem Klassiker werden könnte. Allein vom ikonischen 911 sollen noch mehr als zwei Drittel aller gebauten Fahrzeuge auf der Straße sein. Und das wären immerhin fast 700 000 Fahrzeuge. Ob man das später von den millionenfach gebauten SUV aus Zuffenhausen auch sagen wird, wollen wir hier nicht untersuchen. Obwohl die erste Cayenne-Generation ab 2002 altersmäßig schon ein Youngtimer ist.

Doch blickt man zurück in die 1990er-Jahre, findet man nur zwei Modelle, die als Einsteiger-Porsche zu den eindeutigen Youngtimern im Markt gehören: den Typ 968 und den Boxster. Der 968 (1991–1995) beendete die Transaxle-Ära beim Porsche, die mit dem 924 und 944 begonnen hatte. Und obwohl diesen Vierzylinder-Modellen lange nachgesagt wurde, keine echten Porsche zu sein, so steckt doch die geballte DNA des Herstellers in ihnen. Preislich gefestigt, befinden sich die guten Modelle längst schon im

Steigflug. Aber gemessen an vergleichbar alten Neunelfern noch immer erschwinglich. Der 968 ist Youngtimer durch und durch.

Der zweite Kandidat hat mittlerweile eine 25-jährige Historie in vier Generationen hinter sich – der Porsche Boxster (Typ 986) seit 1996. Ein kleiner Roadster mit den besten Tugenden der Sportwagenschmiede. Seine Gleichteilestrategie mit dem 911 (996) und sein Verkaufserfolg retteten Porsche in den frühen 1990ern.

Die Nachfolger ab 2005 (987), 2012 (981) und 2016 (982) blieben ebenfalls begehrt und nicht wenige sagen, mehr Porsche braucht kein Mensch. Vor allem die höher motorisierten Versionen reichen locker an den 911 heran. Und wer nicht so gern offen fährt, kann mit dem Cayman den technischen Zwillingsbruder des Boxster seit 2005 als Coupé fahren.

Und wo ist der 928? Gebaut bis 1995 und als späte Version ebenfalls ein Youngtimer. Ja, kann man fahren. Aber das Auto stammt konzeptionell aus den 70ern, die meisten Versionen sind längst im Oldtimeralter. Die Nachzügler gelten kaum noch als Youngster, auch wenn das zeitlich noch passen würde. Aber so richtig, so richtig funktioniert das nicht.

Mehr Infos

www.porsche.de

Der Porsche 968 ist die letzte Ausbaustufe der Transaxle-Modelle und steht altersmäßig bereits an der Grenze zum Oldtimer.

Marken-Bonus

44

Youngtimer ab Werk

Die Marke spricht für sich – kein Porsche, der nicht automatisch zum Youngtimer würde. Bei Cayenne und Panamera dürfte sich die Szene aber etwas schwerer tun.

Youngtimer sind – wir schrieben es schon – nicht einfach nur ältere Gebrauchtwagen, sondern ein Lebensgefühl. Ein Youngtimer liefert Drivestyle. Und den haben einige Modelle qua Geburt oder genauer durch die Geburtsurkunde eines Herstellers. Das geht sogar noch weiter, es gibt sogar Oldtimer ab Geburt. Nicht im Sinne des Alters, sondern des Klassik-Gens: Ist ein Modell schon als Neuwagen von überragender technischer und gestalterischer Form, ist schnell geklärt, dass dies ein Klassiker der Zukunft ist. Und damit auch automatisch ein künftiger Youngtimer als Vorstufe. Begehrenswert, wertvoll, sammelwürdig.

Die Youngtimer-Gene im Blut haben besonders traditionsreiche Premium-Marken, wobei sich das Bild dort ein wenig gewandelt hat. Ein Mercedes war noch in den 1970ern immer etwas Besonderes. Doch ab den 1980ern und dem 190er (W 201), dem »Baby-Benz«, wurde die Modellpalette ausgeweitet und ab den 1990ern geradezu inflationär – da fallen einige Modelle dann aus dem Youngtimer-Raster. Und auch wenn ein Porsche 911 immer noch eine Ikone ist – und damit in jeder Baureihe ein Klassiker der Zukunft –, wird man das von der neuen Flut an SUVs aus Zuffenhausen, respektive Leipzig, vermutlich eher nicht sagen.

Große Namen, großes Potenzial

Keine Frage, eine Mercedes S-Klasse ist immer ein Leuchtturm im Automarkt – aber eine A-Klasse eher nicht. Schon gar nicht die erste Serie ab 1997, die erst beim Elchtest auf-, dann um- und qualitativ anders ausfiel als das, was man sonst von Daimler gewohnt war. Daher: Nicht mehr alles aus gutem Haus ist oder wird ein Youngtimer. Aber generell kann man sagen, alle schönen, traditionsreichen und gut motorisierten Modelle von Mercedes-Benz, BMW, Audi und Porsche sind immer noch Youngtimer-Aspiranten.

Nissan ist zwar mit den meisten Volumenmodellen keine typische Youngtimer-Marke. Doch der GT-R »Godzilla« sticht als Supersportwagen natürlich heraus.

Gleiches gilt für andere Marken wie Corvette, Lotus und die italienische Trikolore aus Ferrari, Lamborghini und Maserati. Die Briten steuern McLaren, Jaguar und Land Rover bei, dazu kommen noch Manufaktur-Betriebe wie Pagani, Bugatti, Koenigsegg, Pininfarina, SSC und Hennessey. Außergewöhnliche Leistung in Technik und Design, das hat Youngtimer-Qualität.

Das schaffen bei anderen Marken nur ausgewählte Modelle, die aber ebenfalls voll auf das Konto Emotion einzahlen. Wie bei Nissan der GT-R, Spitzname »Godzilla«. Oder der technologische Kracher Honda NSX. Oder ein Kultmodell wie der kleine Mazda MX-5, der Trendsetter und Bestseller zugleich ist. Auch der Opel Speedster, der Ford Escort XR3i oder VW Corrado haben es zum Youngtimer gebracht. Sie sind das Salz in der Programm-Suppe der Hersteller – und bleiben über ihre Produktionszeit hinaus ein Sammelstück. Sie sind Neoklassiker, Young- und später Oldtimer ab Werksauslieferung. Automobile Leckerbissen.

Mehr Infos
www.zwischengas.com
www.octane-magazin.de

Opel

45

Die schönsten Youngtimer aus Rüsselsheim

Die 1990er-Jahre gehörten sicher mit zu den schwersten in der Opel-Historie. Hatte das Design schon wenig Preise verdient, so kam der »Lopez-Effekt« dazu – die Sparmaßnahmen eines gewissen Spaniers führten zu einem herben Vertrauensverlust in die traditionsreiche deutsche Automarke. Da verwundert es aus heutiger Sicht nicht, dass nur wenige Modelle aus dieser Zeit zum Youngtimer taugen.

Berühmt oder beliebt waren damals in den Volumenklassen vor allem der Astra F GSi und der Opel Corsa B GSi. Da entschädigte die Leistungsfreude über das etwas wenig emotionale Design. Das versuchte man auf der Basis des Corsa mit dem kleinen Sportcoupé Tigra auszugleichen, doch ein großer Erfolg war das nicht. Und wirkt bis ins Youngtimer-Alter nach.

Ein Coupé und ein Flaggschiff

Besser kam das größere Coupé bei der Kundschaft an, der Calibra (1989–1997) auf Basis des Vectra A. Schon das Motorenangebot war verlockender als die sonst übliche Kost aus Rüsselsheim: Es gab eine Turboversion mit Allrad und eine V6-Version neben den Einstiegs-Vierzylindern. Dazu sah das Modell gut aus und hielt die Manta-Klientel bei der Marke. Die Fangemeinde bildete sich schnell und hat bis heute gehalten – bestes Youngtimer-Blech und mittlerweile rar: Weniger als 7000 Stück sind bei uns noch zugelassen.

Aber es gibt noch einen Opel-Kandidaten für die Youngtimer-Szene, auch wenn er sich schon fast in der Oldtimerecke befindet – der Senator B, die letzte Oberklasse von Opel. Nur 70 000-mal gebaut, aber auf Augenhöhe mit Mercedes und BMW in seiner Zeit. Standesgemäß mit Reihensechszylindern und einigem Luxus ausgestattet und heute zum Schnäppchenpreis zu haben – ebenfalls Youngtimer in Bestform.

Mehr Infos
www.senator-monza.de
www.corsa-tigra.de

Der Senator B hat noch Youngtimer-Status, der Ur-Senator und Monza gelten als Oldtimer.

Patina

46

Müßige Diskussion

In den letzten Jahren hat das Schlagwort »Patina« eine unglaubliche Dynamik entwickelt. Ausgerechnet eine Schicht aus Verwitterungsprodukten, also verbrauchte Materie, steht auf einmal hoch im Kurs. Zumindest im Oldtimer-Bereich, wo jeder Scheunenfund zum Patina-Modell hochstilisiert wird – so macht es jedenfalls manchmal den Eindruck. Für Youngtimer spielt das dagegen keine Rolle, so die subjektive, aber unumstößliche Meinung des Autors.

Patina bei Oldtimern wie einer Corvette ist ja beliebt, aber bei Youngtimern aus den 1990ern sind Lackmängel einfach nicht wertsteigernd.

Nichts gegen Patina, also den würdevoll gealterten Lack und Interieur eines Klassikers: benutzt, aber gepflegt. Doch da sprechen wir von 40, 50 oder 100 Jahren, bei einem Youngtimer von maximal 30. Und da sollte ein nach allgemeinen Maßstäben modernes Auto noch gut aussehen, wenn es anständig behandelt wurde. Ein wenig Innenraumpflege und Lackaufbereitung können oft Wunder wirken. Stattdessen wird immer wieder ein mehr oder minder verwahrloster Zustand als Patina gepriesen – Bullshit!

Auch der sogenannte Rat-Look, das bewusst rostige und strapazierte Äußere als »Design«, ist keine Patina, sondern in der Regel ein Mix aus Vorsatz und Zufall. Das kann zum Drivestyle gehören und sogar zum einen oder anderen Youngtimer passen, aber reden wir bitte nicht von Patina. Und sollte der Lack aus welchen Gründen auch immer matt und stumpf geworden sein und sich jeder Politur widersetzen, dann ist das schade – aber immer noch keine Patina. Wie hat es der Gutachter Wolfgang Droschak aus München so treffend beschrieben: »Unter dem Deckmäntelchen des Patina-Hype sollen verbrauchte Old- und Youngtimer viel Geld einbringen. In Wirklichkeit steckt darunter nur ein Haufen Schrott.« Recht hat der Mann.

Mehr Infos
www.lackiererblatt.de

Werksware

47

Gibt es einen Herstellerverkauf?

Das groß angelegte Young- und Oldtimer-Programm von Mercedes-Benz wurde nach zehn Jahren eingestellt. Ein Hersteller ist einfach kein Händler.

Im Zuge des anhaltenden Youngtimer-Booms ab 2000 begannen sich Autohersteller für das Business zu interessieren. Sei es als Geschäftsmodell oder als passable Nachwuchswerbung. Vorreiter wurde ab 2009 Mercedes-Benz mit dem neuen Geschäftsfeld »Young Classics«, um die »Kultobjekte und Wertanlagen« gezielt zu vermarkten. Sogar ein Young Classic Store wurde im neuen Mercedes-Museum installiert.

Altersmäßig umfassten die Young Classics damals den Zeitraum von 1970 bis 1990, sprich, es ging nur um die Epochen der 1970er und 1980er, die in der Youngtimer-Diskussion der 1990er eine Rolle gespielt hatten (»Rettet die Raritäten«). Das passte zeitlich, denn 2009 waren die Jahrgänge 1979 bis 1989 im richtigen Youngtimer-Alter. Mercedes erkannte den Trend, doch waren die vom Hersteller angebotenen Youngtimer von so hoher Qualität, dass sie für Fans zu teuer und Sammler nicht ausreichend vorhanden waren. Youngtimer und Wertanlage – das sind zwei Welten, die nicht wirklich zusammengehen.

Angebot mit Gütesiegel

Ab 2015 taufte Daimler sein Programm um in »All Time Stars«: Old- wie Youngtimer als Hersteller-Angebot mit Gütesiegel. Preislich abgestuft gab es Concours-, Collectors- und Drivers Edition-Modelle. Doch

Vereinzelt bieten Händler schöne Youngtimer an, wenn sie ein wirklich gutes Exemplar in Zahlung genommen haben. Ein Konzept ist das aber meist nicht.

auch das funktionierte nur begrenzt, was einmal mehr bewies: Youngtimer funktionieren als Trend oder Zielgruppe anders als Oldtimer, für die der Herstellerkontakt eine bedeutende Funktion in der Traditionspflege hat.

Ende 2020 wurde das Geschäftsfeld All Time Stars an die 50 regionalen Mercedes-Benz ClassicPartner in Deutschland delegiert. Was offiziell so geplant gewesen sein soll, aber nach mehr als zehn Jahren Engagement doch Fragen zurücklässt. Ein Neuwagenhersteller ist eben kein Gebrauchtwagen- oder Klassikhändler, der in ganz anderen Maßstäben handeln muss. In der Online-Gebrauchtwagenbörse von Mercedes kann man immer noch nach 20 Jahre alten Autos suchen, die angebotenen Fahrzeuge sind aber in der Regel weniger als zehn Jahre alt.

Ein zartes Pflänzchen hat die Fiat-Gruppe FCA (Fiat-Alfa-Lancia) 2018 mit ihrem Heritage-Programm ins Leben gerufen. Unter dem Motto »Reloaded by Creators« kann dort ein historisches Modell, aufbereitet vom Mutterhaus, gekauft werden. Auch hier ist nach den ersten Verkäufen die große Euphorie, so scheint es, geschwunden, Fahrzeugangebote wie zu Beginn gibt es nicht mehr. Immerhin kann man online sein Traummodell nennen und bekommt Rückmeldung, wenn ein passendes Fahrzeug verfügbar ist.

Mehr Infos
www.fcaheritage.com
www.mbvd.mercedes-benz.de/classicpartner-suche

Roadster

48

Alter Trend im neuen Glanz

Eine Fahrzeuggattung hat in den 1990er-Jahren besonders für Furore gesorgt und steht jetzt im besten Youngtimer-Alter: der Roadster. Begonnen hat der ganze Spaß 1989 mit dem Mazda MX-5, der längst eine Ikone geworden ist. Inspiriert von den englischen Roadstern der 1960er-Jahre wollten die Japaner ein kleines Spaßauto auf die Straße bringen. Denn Mazda 323 und 626 waren zwar TÜV-Helden, aber es fehlte der Marke und ihren Modellen an Sex-Appeal. Und das Konzept ging voll auf.

Nicht nur wurde der MX-5 ein Millionenseller im Laufe der Jahre, er inspirierte zudem die gesamte Autoindustrie, ebenfalls neue Roadster anzubieten. Ein Trend, der heute wieder merklich abgenommen hat. Aber damals gab es keinen Konzern, der sich dem Roadster-Charme entziehen konnte. Und der hat natürlich wieder Youngtimer-Qualität, denn hier kommen Design, Motorisierung und Lebensgefühl perfekt zusammen.

Der Mazda MX-5 begründete den Roadster-Boom der 1990er-Jahre. Er selbst wurde damit zum Millionenseller, ob als Neuwagen oder Youngtimer.

Alle Preisklassen verfügbar

Und das Schöne daran: Die meisten waren damals erschwinglich und sind es heute noch viel mehr. Als Sommerautos wurden sie meist nicht viel gefahren, der Verschleiß hält sich daher in Grenzen und gute Exemplare finden sich noch reichlich. Und hier kommen die kleinen Sommer-Young-

Die Lotus Elise wurde ebenfalls ein Besteller. Deutlich teurer, aber auch deutlich potenter als ein MX-5.

timer in fast allen Preis- und Markenklassen. Und die passenden Klubs dazu gibt es auf Zwischengas oder der Oldtimer-App.

- Alfa Romeo Spider (916, 1998–2005)
- Audi TT (8N, 1998–2006)
- BMW Z3 (E36, 1995–2002)
- BMW Z8 (E52, 2000–2003)
- Fiat Barchetta (Typ 183, 1995–2005)
- Honda S2000 (AP1, 1999–2009)
- Lotus Elise (S1, 1996–2000)
- Mazda MX-5 (NA, 1989–1998)
- Mercedes-Benz SLK (R170, 1996–2004)
- MG F (TF, 1995–2005)
- Opel Speedster (2001–2005)
- Porsche Boxster (986, 1996–2004)
- Renault Sport Spider (1995–1999)
- Smart Roadster (452, 2003–2005)
- Toyota MR2 (W2, 1989–1999)

Mehr Infos
www.zwischengas.com
www.oldtimerapp.com

Matching Numbers

49

Bitte nicht übertreiben!

Übertreiben darf und muss man es aber nicht mit der Originalität. Schon gar nicht bei einem Youngtimer, der vielleicht noch eher nach den Wünschen seines Besitzers gestaltet werden darf als ein Oldtimer, der nur behutsame Änderungen verträgt. Und der nicht zwangsläufig zu einem Millionen-Objekt werden wird, egal, wie original er auch immer ausschaut.

Klassikhändler-Legende Claus Mirbach weiß, dass vor 60 Jahren niemand nach »Matching Numbers« gefragt hat, also ob noch der erste Motor im Auto verbaut ist. »Ging ein Motor kaputt, ließen sich die Reichen einfach einen neuen Motor einbauen und die Armen ihren reparieren«, sagt der Klassik-Experte.

Matching Numbers von Fahrgestell und Motor sind nur bei teuren Oldtimern ein wirklicher Mehrwert. Bei Youngtimern wird das nicht so eng gesehen.

Den heutigen Hype um den ab Werk eingepassten Motor hält er für Blödsinn. »Das ist nur bei Rennwagen bedeutsam. Aber das ist ein Trendthema und für alle auf einmal wichtig.« Ein originaler Austausch-Motor bedeutet also nicht das Sammler-Aus für einen Youngtimer. Schon gar nicht, wenn sonst alles passt und im guten Zustand ist. Hauptsache original.

Daran ändert auch das aktuelle Urteil des Landgerichts Hamburg nichts (Az. 329 O 59/18), in dem nur der originale Motor ab Werk zusammen mit dem Fahrgestell als »Matching Numbers« verstanden wird. Das Thema ist für bestimmte Oldtimer relevant, alle anderen können sich entspannen und sollten das Thema nicht übertreiben.

Mehr Infos
www.dejure.org

BMW

50

Die schönsten Youngtimer aus München

Die Bayerischen Motoren Werke gehören zu den klassischen Youngtimer-Marken, denn sehr viele Modelle lösen den Habenwollen-Reflex aus. Sei es in der Luxusklasse wie beim 8er oder in der Sportwagenklasse mit M3 und den Z-Modellen. Und was immer begehrt war, bleibt es auch im fortgeschrittenen Youngtimer- und genauso im reifen Oldtimer-Alter. So ist an Klubs mit Gleichgesinnten kein Mangel, es gibt sogar echte Youngtimer-Klubs und -Foren.

Vor 20 Jahren gab es eine ganze Palette attraktiver Modelle, die heute noch hoch in der Käufergunst stehen. Ganz oben rangiert seit Kurzem der Z8 (2000–2003), eine Designikone, die von einem M5-Motor mit 400 PS befeuert wird. Freilich in einer Preisregion, die für den Youngtimer-Freund kaum erschwinglich war und ist. Eine Nummer kleiner gibt es den Z3 (1995–2002), der seinerzeit für viel Aufsehen sorgte, weil er das Thema 507 interpretierte.

Jeder M3 von BMW ist eine Ikone. Die Baureihe E46 ist aktuell der Youngtimer-Vertreter dieser begehrten Modelle.

Qualitativ war der Roadster aus dem amerikanischen Spartanburg zwar nicht über jeden Verdacht erhaben, aber preislich liegt er heute im Keller. Und ist damit eine der günstigen Möglichkeiten, einen offenen Youngtimer zu fahren. Knapp 280 000 Stück wurden produziert. Exklusiv ist die Coupé-Version, als »Turnschuh« bespöttelt, nur knapp 18 000-mal produziert.

Coupé wie Roadster sind als M-Version natürlich die Top-Leckerbissen. Genauso wie die erste 8er-Baureihe E31 (1989–1999), die es nur als Acht- und Zwölfzylinder gab. Und von der nur rund 30 000 Stück gebaut wurden. Youngtimer der Luxusklasse.

3er, 5er, 7er – alles Youngtimer ab Werk

Die drei Standard-Baureihen 3er (E36), 5er (E34) und 7er (E38) aus den 1990er-Jahren gehören alle zu den beliebten Youngtimer-Modellen. Der beliebte 3er ist mit mehr als 2,7 Millionen Exemplaren eines der erfolgreichsten Münchner Modelle überhaupt. Und für jeden Geschmack gab es eine Version: Limousine, Kombi, Cabrio, Coupé.

Dazu kam erstmals ein Compact-Modell (1994–2000), das eine ganz eigene Fangemeinde hat und bei dem die Preise schon angezogen haben. Das gilt genauso für die bis 321 PS starke Spitzenversion M3, die als Limousine, Cabrio und Coupé angeboten wurde.

Zeitlos schön geriet der 5er der Baureihe E34 (1988–1996), der von Ercole Spada gezeichnet wurde. Ob als Limousine oder Kombi, beide Versionen überzeugen heute noch in Stil, Eleganz und Komfort. Neben den Achtzylinder-Modellen 530i und 540i sind die M5-Versionen mit bis 340 PS starken Reihensechszylindern die Youngtimer-Leckerbissen.

Das Flaggschiff 7er E38 (1994–2001) ist zwar purer Luxus und heute preislich in günstigen Regionen angekommen, doch der Unterhalt wird in dieser Klasse meist zum Problem. Daher muss der Youngtimer-Liebhaber hier besonders auf einen Sammlerzustand achten, sprich, wenig Kilometer und Vorbesitzer sowie ein hinreichend ausgefülltes Scheckheft.

Mehr Infos

www.bmw.de
www.bmw-syndikat.de
www.m-club.de
https://bmw-youngtimer-club.ch
www.bmwz8club.com

Klassik-Zentren

51

Offen für Youngtimer

Seit 20 Jahren gibt es in Deutschland Klassik-Zentren unter verschiedenen Namen. Das älteste ist die Classic Remise in Berlin, gegründet unter dem Namen Meilenwerk. Die Idee dahinter: einen Treffpunkt für die lokale Klassikszene zu schaffen. Unter einem Dach Einstellplätze für Old- und Youngtimer, Reparatur- und Restaurierungsbetriebe, Händler und Dienstleister. Hier findet man nicht nur Rat, sondern meistens auch Tat.

Zwar liegt der Schwerpunkt mehrheitlich auf Oldtimern, doch das kann je nach Standort auch ganz anders aussehen. So sind teilweise genauso Sportwagen, Liebhaberfahrzeuge und Markenhändler in den Zentren beheimatet, die damit das Thema Fahrkultur größer umfassen. Was wünschenswert ist, dass sich Fans von altem und neuem Blech zusammenfinden. Sag noch einer was über fehlende Nachwuchsförderung.

In allen Zentren gibt es regelmäßig Events für Klubs, Rallyes, Ausstellungen oder zu Jubiläen. Es ist immer etwas los und wer sich selbst mit Gleichgesinnten einmal auf weiter Fläche und vor großem Publikum präsentieren möchte, findet hier immer ein offenes Ohr. Denn hier darf ein V8 noch bollern und Platz für hundert Fahrzeuge ist auch vorhanden.

Die größten Zentren sind die Classic Remisen in Düsseldorf und Berlin sowie die Standorte der Motorworld Group in Stuttgart, Köln und München. Große Bedeutung in ihrer Region haben der Schuppen Eins in Bre-

In Klassik-Zentren finden sich nicht nur Oldtimer, sondern meist auch Markenhändler und Sportwagenfirmen – dort steckt auch das Youngtimer-Potenzial.

Klassiker-Zentren sind zugleich beliebte Anlaufstelle für Events rund um Autos jeden Alters. Bei Club- und Markentreffen sind auch Youngtimer willkommen.

men, das Ofenwerk in Nürnberg sowie die Klassikstadt in Frankfurt. Kleinere Zentren sind die Oldtimerfabrik in Neu-Ulm, das Lenkwerk in Bielefeld, die EilersWerke in Hannover, das PS Werk in Steinfurt sowie der Oldtimerpark Lippe in Lage.

In Österreich und der Schweiz sind ebenfalls solche Treffpunkte bekannt und beliebt. Zum Beispiel das Pantheon bei Basel, die Emil Frey Classics in Safenwil, die Motorworld in Kemptthal bei Zürich, die Autohalle in Andelfingen und das Classic Depot in Wien.

Mehr Infos
https://remise.de
https://motorworld.de
www.klassikstadt.de
https://schuppeneins.de
www.oldtimerfabrik-classic.de
https://ofenwerk.de
www.lenkwerk-bielefeld.de
www.oldtimer-park-lippe.de
www.pswerk.de
https://eilers-classic.de/
https://pantheonbasel.ch
www.emilfreyclassics.ch
https://autohalle.ch
www.classic-depot.de/oldtimer-garage-wien/

Kinostars

52 Youngtimer im Film

Automodelle sind Helden in zahlreichen Filmen. Sei es der Plymouth Fury in »Christine« oder der Pontiac Firebird Trans Am als K.I.T.T., man erkennt sie und freut sich über das schöne Blech im Einsatz. Und es sind natürlich nicht nur Oldtimer auf der Leinwand unterwegs, sondern genauso Youngtimer – dazu werden sie spätestens, wenn der Film 20 Jahre alt wird.

Eine Liste aller Kinostars würde diese Seite sprengen, ist aber auch gar nicht notwendig. Denn: Auf der Internet Movie Cars Database – IMCDB – gibt es alles, was man braucht. Einfach Marke und Typ eingeben und schon kommen die Treffer. Dabei wird sogar mit Sternen bewertet, ob das Auto nur im Hintergrund steht oder eine tragende Rolle hat wie der Porsche 917K im Klassiker »Le Mans« mit Steve McQueen.

Die Blockbuster »Fast and Furious« sind wahre Youngtimer-Schlachten – leider im wahrsten Sinne des Wortes, viel heiles Blech bleibt nicht zurück.

Und es wird sogar gezählt, in wie vielen Filmen ein Modell schon mitgespielt hat. So kommt der Youngtimer VW Corrado auf 82 Treffer und ein Honda S2000 sogar auf 131 Filme, in denen er auftaucht. Fleißarbeit vieler User, die ständig Informationen liefern. Ein Film, genauer eine Filmreihe, taucht besonders häufig als Bildnachweis auf – die Fast and Furious-Filme, von denen bisher neun Folgen gedreht wurden. Abgekürzt F1 bis F9, Letzterer kam am 15. Juli 2021 in die Kinos.

Das Youngtimer-Rennen geht immer weiter – neun Folgen gab es bisher.

Die F-Filme sind Blockbuster, die teilweise mehr als eine Milliarde US-Dollar eingespielt haben. Und in denen Automodelle immer eine tragende Rolle spielen. Da die erste Folge bereits 2001 erschien und die aktuell letzte gerade in die Kinos kommt, sind so ziemlich alle Kultfahrzeuge der letzten 50 Jahre vertreten. Ob neu, Young- oder Oldtimer, jeder Streifen ist ein Potpourri heißer Wagen. Letztlich ein 100-minütiger Youngtimer-Flash.

Laut Drehbuch werden leider viele Fahrzeuge verschrottet. Und mit jeder neuen Folge werden es auch immer mehr. Spitzenreiter war 2017 die Folge »The Fate of the Furious«, in der 95 Autos im Wert von 3,7 Millionen US-Dollar zerstört wurden. Und wie oft zu beobachten – die Schadenquote nimmt tendenziell zu, schließlich darf es ja nicht weniger krachen als beim letzten Mal. Trotzdem ist es schön, viele Kultautos nochmal in »action« zu sehen. Tipp: Am besten dafür ins Auto-Kino fahren – die gibt es noch und immer wieder!

Mehr Infos
www.imcdb.org
www.upig.de
www.autokino-deutschland.de

Youngtimer-Vorteile

Vergiss Oldtimer!

53

Einen Youngtimer zu fahren hat gegenüber einem Oldtimer viele Vorteile. Zwar denken viele zuerst immer an das steuerlich begünstigte H-Kennzeichen, doch das spielt bei neueren Modellen mit Katalysator fast keine Rolle mehr. Beispiel: Ein Oldtimer mit H-Kennzeichen, Baujahr 1991, als Benziner mit 3 Litern Hubraum ohne Kat kostet 191 Euro Steuern, statt 760 Euro normal. Ein Youngtimer, Baujahr 1993, als Benziner mit ebenfalls 3 Litern Hubraum, aber Kat der Schadstoffklasse Euro 2 kostet regulär 220 Euro, also kaum mehr (Rechner beim Bundesfinanzministerium).

Ist der Hubraum kleiner als in diesem Rechenbeispiel, wird die Steuerpauschale der Oldtimer meist unterboten. Die macht nur Sinn bei hubraumstarken Modellen ohne Kat. Weil ab den 1990ern der Katalysator, ob ab Werk oder nachgerüstet, zum Standard wurde, zieht das Steuerargument kaum noch. Und wird mit jeder besseren Schadstoffklasse noch weniger notwendig.

Ob ABS oder ESP – die Youngtimer-Generation der 1990er-Jahre ist modern, einfach zu fahren und mehr Daily Driver, als es ein Oldtimer je sein könnte.

Das H-Kennzeichen bringt zudem Einschränkungen mit sich, wie zum Beispiel die geforderte Originalität. Das gilt beim Youngtimer nicht. Bei ihm sind alle Änderungen erlaubt, sofern der TÜV seinen Segen dazu gibt. Oldtimer dürfen in Umweltzonen fahren, aber das dürfen die meisten Youngtimer auch. Denn schon ab Neuzulassungsdatum ab 1993 und Euro 1 gibt es für Benziner die grüne Plakette für die Umweltzone. Nur Diesel sehen da deutlich schlechter aus: Sie bekamen die Plakette meist erst ab 2006 und Euro 4.

Weitere Vorteile, die für einen Youngtimer sprechen:

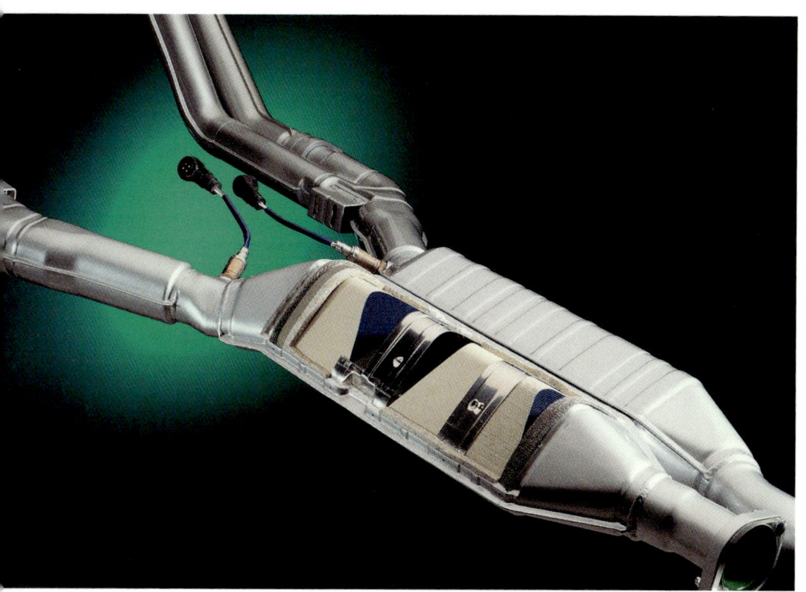

Dank geregelter Abgas-Katalysatoren sind heutige Youngtimer weniger von der Steuer betroffen als früher – und werden daher viel seltener ein H-Kennzeichen bekommen.

- Meist bessere Ersatzteillage
- Keine Spezialwerkstätten erforderlich
- Bessere Rostvorsorge
- Geringerer Aufwand für Pflege und Wartung
- Unempfindliche, aber moderne Technik

Unterm Strich eignet sich ein Youngtimer auch besser als Daily Driver oder für längere Strecken: Das Fahren ist weniger anstrengend für Mensch und Maschine. Viele gute Gründe, die für ein 20 bis 30 Jahre altes Fahrzeug sprechen, das noch längst nicht am Ende seines Lebens angekommen ist, aber schon zum Kulturgut gezählt werden darf. Fahraktives Kulturgut!

Mehr Infos
www.bundesfinanzministerium.de
www.tuvsud.com
www.adac.de

Werbung

So schön kann Reklame sein

54

Das Thema Werbung hat verschiedene Facetten – schließlich gibt es Werbung für, mit und auf Autos. Am spannendsten ist »für«: Wer einen Zeit-Flash in die Youngtimer-Jahre der 1990er erleben will, schaut sich Autowerbung jener Zeit an. Zum Beispiel auf Facebook bei der »Youngtimer-Show«, bei »die 90er« oder auf YouTube. Das Internet bewahrt diese Perlen der Werbung vor dem Vergessen. Und was heute an den Film-Clips von damals auffällt: Die Hersteller haben vieles und sich selbst nicht zu ernst genommen. Die erbitterten Diskussionen ums CO_2 oder Feinstaub waren da noch in weiter Ferne.

Es ging nicht ums Klima, Verbrauch oder Elektro, sondern um – Emotionen. Um ein Quietschen beim VW Golf GTI, das natürlich nicht vom Filmauto stammt, sondern nachträglich eingeblendet wurde. Oder um ein Rendezvous, zu dem man im 3er-BMW entspannter fährt, so die Suggestion. Oder um einen Opel Corsa, der überall gute Laune verursacht. Denn die Autos waren mehrheitlich nicht schwarz und silber, sondern – bunt!

Von eBay bis Pinterest

Wer einmal unter dem Stichwort »Autowerbung 1990er« googelt, findet mehr als 4500 Quellen mit alter Autowerbung. Auf Pinterest gibt es hunderte von alten Plakaten zur Autowerbung und auf eBay finden sich reichlich Prospekte, wenn man nicht auf der nächsten Youngtimer-Messe selber stöbern will. Da reicht meist schon eine alte »Auto, Motor und Sport« oder »Auto Bild«, um sich von den damaligen Inseraten ein Bild zu machen. Und ganz nebenbei ist es lustig zu lesen, was die Neuwagentester damals über den heutigen Youngtimer geschrieben haben.

Werbung auf Autos gab es schon immer, man denke nur an die Rallye-Fahrzeuge besonders der 1980er-Jahre. Und nicht wenige verewigen auf

Autos haben schon immer die Werbung beflügelt – ob mit oder ohne Flügeltüren.

ihrem Youngtimer-Serienmodell nochmal die Reklame-Helden von einst, seien das Michelin-Reifen oder Bosch-Zündkerzen. Der Rallye-Look ist angesagt und ein schönes Stück Individualisierung. Dazu kommen die großen Werbe-Ikonen wie »Jägermeister« und »Gulf«, mit denen ein Youngtimer an Attraktivität gewinnen kann – wenn es gut gemacht ist und zum Auto passt.

Mehr Infos
www.facebook.com
www.youtube.com
www.pinterest.de

Super-Youngtimer

55 Vom anderen Stern

Dass sie unerreichbar sind, ist allen klar. Denn die Supersportwagen der 1990er waren damals teuer und sind heute noch teuer. Extrem sportlich und extrem selten, auch wenn der Lambo Diablo hier durch seine lange Bauzeit etwas mehr Volumen aufweist. Alle sind Meilensteine der Autogeschichte und heute im besten Youngtimer-Alter.

Marke/Modell	Leistung PS	Motor	0–100 km/h (s)	Topspeed km/h	Preis DM	Stück (Modellreihe)
Bugatti EB 110 SS (1991–1995)	611	3,5l-V12	3,3	351	690 000	130
Ferrari F50 (1995–1997)	520	4,7l-V12	3,8	325	380 000	349
Jaguar XJ220 (1992–1994)	549	3,5l-V6	3,8	350	890 000	281
Lamborghini Diablo (1990–2001)	492 bis 650	5,7l- bis 6,0l-V12	3,5	325 bis 345	393 000	2903
McLaren F1 (1993–1997)	627 bis 680	6,1l-V12	3,4	>370	1,5 Mio.	106

Es muss eine schöne Zeit gewesen sein, als sich die Hersteller quasi im Jahrestakt mit immer neuen Höchstgeschwindigkeiten überboten. Und nicht nur den Ehrgeiz, sondern auch das Geld hatten, dies zu tun. Der Lamborghini legte vor, denn sein Antrieb war, schneller zu sein als der Ferrari. Auslöser: Eine Kränkung von Enzo Ferrari an Ferruccio Lamborghini, worauf Letzterer beschloss, seine eigenen Sportwagen zu bauen. Mit 325 km/h übertrumpfte der erste Diablo 1992 den Ferrari F40 und durfte sich schnellstes Serienauto der Welt nennen.

Nur ein Jahr später holte sich Jaguar den Titel mit dem XJ220. Die Zahl verriet das Ziel von 220 Meilen Höchstgeschwindigkeit, was rund 350 km/h entsprach. Mit dem kleinen V6 eine durchaus bemerkenswerte Leistung. Zwei Jahre später stand der Bugatti EB 100 dann im Zenit des Temporauschs und fuhr 351 km/h auf der Hochgeschwindigkeitsstrecke von Nardo.

Die Freude war kurz, denn es folgte der Überflieger aus England, der heute noch als schnellstes Auto mit Saugmotor gilt: der McLaren F1. Befeuert von einem BMW 12-Zylinder erreichte er offiziell 370 km/h, inoffiziell sollen es mehr als 390 km/h gewesen sein. Erst der Bugatti Veyron nach der Jahrtausendwende war noch schneller. Was ist mit Honda NSX und Dodge Viper? Beides ebenfalls Youngtimer-Ikonen, aber in diesem Super-Sportscar-Klub doch eher Sparbrötchen, die nicht mal 300 km/h erreichen.

Mehr Infos
www.classic-trader.com
www.ferrari.com
www.lamborghini.com
https://cars.mclaren.com
www.bugatti.com
www.jaguar.de

Supersportwagen sind eine Youngtimer-Klasse für sich. Ausgestattet mit allen Attributen, sprechen nur Seltenheit und Preis gegen eine größere Popularität.

TÜV und Co.

56

Experten seit Generationen

Ob 20 Jahre alt und Youngtimer-gepflegt oder Alltagsauto-Rock – zur Hauptuntersuchung müssen alle. Und die ist, anders als beim Oldtimer-Gutachten, eine ganz normale Angelegenheit. Während fürs Oldtimer-Kennzeichen das Thema Originalität ganz großgeschrieben wird, geht es beim Youngtimer »nur« um die Verkehrssicherheit. Ob Sonnenfolie, Sportfelgen oder Flip-Flop-Lack, beim Youngtimer ist – fast – alles möglich.

Youngtimer können keine H-Prüfung beim TÜV bekommen, sondern laufen durch die ganz normale Hauptuntersuchung. Damit entfallen aber auch Originalitätsfragen.

TÜV, GTÜ und Dekra nehmen alles zur Hauptuntersuchung an. Bei älteren und exotischen Fahrzeugen empfiehlt sich immer ein Gespräch und ein Blick vorab, um schon mal eine gesunde Untersuchungsbasis zu schaffen. So sind 3er-BMW so beliebte Tuning-Objekte, dass man mit dem Prüfer die möglichen Einzelerlaubnisse oder -zulassungen klären sollte, bevor der Termin auf der Prüfbahn vorzeitig endet.

Da niemand alles wissen und kennen kann, haben die drei größten Organisationen meist sogar Fachleute für bestimmte Marken und Modelle. Und das sind in der Regel die besten Ansprechpartner für die Hauptuntersuchung oder Eintragungsfragen. Denn selbst wenn es manchmal anders scheint – die Prüfer sollen nicht Zulassungen verhindern, sondern dabei helfen, sodass alle sicher unterwegs sind. Es ist ein Mit- und kein Gegeneinander.

Einzelne Verbände haben ausgewiesene Klassik-Experten, wie Norbert Schröder beim TÜV Süd, angesiedelt und erreichbar in der Classic Remise Düsseldorf. Mit der Old- und Youngtimer-App des TÜV kann man seinen Fuhrpark verwalten und kriegt die neuesten Nachrichten, Termine und Tipps mit aufs Smartphone. Und der TÜV Rheinland hat mit der FSP – Fahrzeug-Sicherheitsprüfung – sogar Auto-Forensiker im Boot, die Blech bis ins Atom prüfen können. Nur für den Fall, dass es um kostbare Youngtimer geht.

Die Dekra hat nicht nur Ansprechpartner in ihren jeweiligen Niederlassungen, sondern berät auch beim Im- und Export von Fahrzeugen, was gerade bei Fahrzeugen vom US-Markt immer hilfreich sein kann. Schaden- und Wertgutachten gibt es allerdings bei den anderen Sachverständigenorganisationen auch.

Auch die GTÜ ist bei Old- und Youngtimern am Ball und hat 2014 statistisch erhoben, dass »bereits vor Erreichen des Oldtimeralters viele Youngtimer in einem überdurchschnittlichen Erhaltungszustand« sind. Das mündet sogar in der Feststellung von Rainer Süßbier, Technischer Leiter der GTÜ, dass »eine Herabsetzung des Oldtimeralters auf 25 Jahre vorstellbar« wäre. Bleibt nur die Frage, ob Youngtimer-Fans dies wirklich für dringlich halten.

Mehr Infos

www.tuvsud.com
www.fsp.de
www.tuv.com
www.gtue.de
www.dekra.de

Alterswechsel

57

Wenn der Young- zum Oldtimer wird

Irgendwann ist es so weit: 30 Jahre nach Erstzulassung wird ein Auto zum Oldtimer. Und dann passiert erstmal – nichts. Ist der Youngtimer zugelassen, läuft er einfach weiter. Man muss nichts veranlassen, man wird zu nichts aufgefordert, man muss nichts tun. Denn nur wenn man das Auto als Hobby betrachtet, kann der Oldtimerstatus eine Rolle spielen. Zum Beispiel bei Rallyes oder Concours, bei denen die Registrierung als Oldtimer gefordert wird.

Aber selbst dann muss ein Auto nicht als Oldtimer zugelassen sein. Denn die Zulassung spielt für die Registrierung mit der FIVA ID-Card keine entscheidende Rolle. Allerdings: Ist das Auto bereits als Oldtimer geprüft und wird mit dem H-Kennzeichen gefahren, ist das bereits ein Indiz, dass es auch mit der FIVA klappen wird.

Ein Youngtimer kann 30 Jahre alt werden, muss aber nicht automatisch ein H-Kennzeichen beantragen. Daher wächst seit Jahren die Altersklasse, aber nicht proportional die H-Zulassung.

Das H-Kennzeichen zu beantragen, macht vor allem Sinn, wenn man Steuern sparen will. Durch den Einheitssatz beim Oldtimer von 191 Euro pro Jahr kann das günstiger sein als mit dem normalen Steuersatz. Doch das trifft auf die heutigen Youngtimer der 1990er-Jahre mit Katalysator immer weniger zu. Die notwendige Oldtimerprüfung beim TÜV kann man sich damit unter Umständen sparen. Und ist dann in puncto Fahrzeug-Originalität etwas freier.

Deshalb steigt auch die registrierte Zahl an Autos über 30 Jahre ohne H-Kennzeichen. Es ist den Besitzern entweder nicht wichtig, steuerlich nicht nötig oder technisch nicht möglich, wenn man sein individualisiertes Auto genauso behalten will. Und vielleicht will man auch gar nicht, sondern sich einfach weiter als Youngtimer-Fahrer fühlen. Forever young.

Mehr Infos
www.adac.de

Lancia

58

Noch mehr schöne Youngtimer aus Turin

Der Lancia Y ist ein Lifestyle-Youngtimer – und mit Turbo sogar eine Rennsemmel dazu.

Die goldenen Jahre waren bei Lancia in den 1990ern längst vorbei. Ein Trauerspiel für eine Marke, die früh innovativ war, in der Nachkriegszeit für automobilen Luxus stand und zuletzt ab den 1970ern im Motorsport die Konkurrenz vor sich hertrieb. Und so gibt es aus den 1990ern nur drei erwähnenswerte Modelle.

Da ist zum einen der Lancia Thema, Ergebnis einer großen Kooperation von Alfa, Fiat, Lancia und Saab, um die Kosten für die Entwicklung einer Oberklasse-Limousine auf mehrere Schultern zu verteilen. Das Ergebnis war sehenswert sowie wirtschaftlich erfolgreich und eine Version stand besonders heraus: der Thema 8.32. Das Kürzel bezog sich auf den verbauten Motor, einen Achtzylinder mit 32 Ventilen aus dem Ferrari 308 GTB Quattrovalvole. Es wurden nur etwas mehr als 3200 Stück bis 1992 gebaut und so schön der Motor war, Probleme damit führen unweigerlich zum wirtschaftlichen Totalschaden. Das muss man wissen.

Eine Nummer kleiner sorgte der Lancia Delta für viel Freude in der Rallye-WM. Stilistisch ein Kompaktmodell wie der Golf, aber mit Turbo und Allrad fast unschlagbar: Sechs Marken-WM-Titel in Folge machten

Der Lancia Delta ist ein echtes Rallyeauto und war lange einer der beliebtesten Youngtimer. Jetzt erreichen auch die letzten Exemplare das Oldtimeralter.

ihn zum erfolgreichsten Rallye-Auto der Welt. Auch im Serientrimm sorgte der Delta HF Integrale für Begeisterung, die letzte Ausbaustufe nannte sich Evoluzione II und wurde bis 1992 gebaut. Die Preise haben bereits mächtig angezogen, gute Exemplare sind rar, aber nach wie vor gesucht. Und jeden Euro wert.

Dritter und Kleinster in der Runde ist der bis 1995 gebaute Lancia Y10, ein Kleinwagen, den es sogar mit Turbo gab. »Ein Vorreiter der Lifestyle-Kleinwagen«, wird auf Wikipedia verkündet, und damit haben die Kollegen sogar recht. Mit seiner mattschwarz lackierten Heckklappe und dem modern gezeichneten Design war der Y10 ein Hingucker. Und dazu noch flink auf den Beinen, denn der Zwerg wog nur rund 800 Kilogramm.

Mehr Infos

www.y10club.it
www.lanciathema.it
www.lanciadeltaintegraleclub.net
www.lanciaclubdeutschland.de

Raritäten-Kabinett

59

Schätze zu entdecken

Das Stichwort im Inhaltsverzeichnis hieß mal »unbekannte Helden«, aber was ist heute noch unbekannt? Wer lange genug stöbert, findet fast jedes Modell auf irgendeiner Internetseite. In den vergangenen 20 Jahren wurde so viel über Old- und Youngtimer geschrieben, dass nur absolute Nischenmodelle noch nicht erfasst sind. Und da ist die Fangemeinde so klein, dass sich der Aufwand meist nicht lohnt.

Aber selten sind natürlich einige Modelle, wenn es von ihnen nur kleine Stückzahlen gab und sie nicht die ganz große Aufmerksamkeit in der Szene erringen konnten. Und selbst wenn es zu Achtungserfolg oder Designpreisen reichte, sind viele heute vom Radar der Marktbeobachter verschwunden. Was sie preislich als Youngtimer interessant machen kann, bevor die Oldtimer-Preise nach oben klettern.

Dazu gehört zum Beispiel der Subaru SVX (1991–1997), ein Sportcoupé mit Allradantrieb und Sechszylindermotor. Die Schwachstellen kann jedes Klubmitglied herunterbeten, doch viele Probleme von einst hat man heute im Griff. Weniger als 1000 Stück sind in Deutschland bekannt, da wird die Suche nach dem Giugiaro-Coupé länger dauern. Noch seltener sind die beiden Alfa ES 30-Modelle (1989–1993), die als Coupé SZ (Sprint Zagato) und RZ (Roadster Zagato) bekannt wurden. Ebenfalls Designer-Autos, allerdings ist der Zagato-Stil nicht jedermanns Sache. Keine 1500 Stück wurden von beiden gebaut.

Ungefähr genauso viele gibt es vom puristischen Renault Sport Spider (1995–1999). Ein Straßenrenner von Alpine, eine Fahrmaschine, die meist

Der Subaru SVX ist wenig populär und wenig bekannt. Doch er ist ein Technik-Leckerbissen und ein Youngtimer für Kenner.

Der VW Lupo war ein teurer Kleinwagen. Youngtimer-Perlen sind vor allem die Sonderversionen: die sparsame 3-Liter-Version und der starke GTI.

in festen Händen ist und nur selten auf den Markt kommt. Wenn, dann muss man sofort zuschlagen. Gleiches gilt für den Honda Integra Type R, dessen Motor die Tuning-Szene faszinierte, denn das Auto konnte mehr als die serienmäßigen 190 PS verkraften. Ebenfalls fast eine blaue Mauritius, knapp 500 Stück soll es in Deutschland geben.

Neben diesen kraftvollen Sportcoupés nimmt sich der VW Lupo (1998–2005) winzig aus. Doch zwei Sonderversionen sind wahre Youngtimer-Größen: der 3L war das erste Serienauto, das nicht mehr als drei Liter Normverbrauch hatte. Knapp 30 000 Exemplare wurden gebaut. Und der GTI – knapp 6400-mal gebaut – sorgte mit 125 PS für enormen Fahrspaß. Dazu kommen die technischen Features wie Aluminium-Hauben und die Batterie im Heck für eine bessere Gewichtsverteilung. Seltene Youngtimer, aber technisch gesehen echte Highlights aus Wolfsburg. Ferdinand sei Dank!

Mehr Infos
www.svx-club.de
www.zagatocarclub.de
https://lupoclub.de
www.type-r-club.de

60

Treffpunkt Zapfsäule

Auftanken mit Freunden

Ohne an dieser Stelle in die Kulturgeschichte des Tankstellenwesens einzusteigen – Tankstellen sind Oasen: Dort gibt es alles, was man zum Überleben braucht. Treibstoff, Kaffee und Tiefkühlpizza. Oft rund um die Uhr erreichbar für alle, die gerade von A nach B reisen – oder denen zuhause gerade die Chips ausgegangen sind. Und je ländlicher die Region, umso mehr wird die Tankstelle zum gesellschaftlichen Treffpunkt.

Eine Bedeutung, die man in den weitläufigen USA, Kanada oder Australien längst zu schätzen weiß. Vor allem, aber nicht nur in ländlichen Regionen trifft sich an der Tankstelle die Jugend mit Mofa, Café-Racer, GTI – oder um es kurz zu machen, Jugend und Youngtimer passen hier wie die Faust aufs Auge. Und manche Treffs sind mittlerweile so beliebt, dass die Polizei An- und Abfahrten im Zaum halten muss, bevor die Nachbarn rebellieren.

Historische Tankstellen sind klassische Treffpunkte für Oldtimerfahrer. Youngtimer sind auch willkommen, aber die treffen sich häufiger an modernen Zapf- und Rastanlagen.

Es funktioniert auch ohne Sprit

Ganz stilecht an originaler Tankstelle geht es auch, wie zum Beispiel in Hamburg-Rothenburgsort. Dort gibt es zwar – noch – keinen Sprit, aber viel Platz für Youngtimer, einen »Erfrischungsraum« mit Lieferdienst und sogar eine GTÜ-Prüfstelle. Ähnlich funktioniert das »Maulwerk« in der Oberpfalz mit Café, Oldtimer-Hotel und Fahrzeugservice, selbst wenn die Zapfsäulen vor der Tür nur dekorativen Charakter haben. Youngtimer kann man dort auch kaufen.

Kult-Treffpunkte wie das ACE Café in Luzern veranstalten an fast jedem Wochenende spezielle Treffen für Marken, Modelle oder Clubs – Youngtimers are welcome!

Großen Kultcharakter hat das ACE Café in Luzern nach dem Vorbild aus London. Eigentlich ein Motorrad-Treff, aber so angesagt, dass sich noch mehr Old- und Youngtimer dort an Markentagen treffen. Das Motto »Motors, Food and Rock'n'Roll« sagt schon alles, Treibstoff gibt es nur für Fahrer, nicht für die Maschinen. Und in Österreich ist das Hotel Victoria in Maishofen am Zeller See der Treffpunkt für Old- und Youngtimer-Freunde, die zum Beispiel die Großglockner-Hochalpenstraße genießen möchten.

Neben den jederzeit anfahrbaren Treffpunkten gibt es historische Tankstellen, die meist als Teil eines Museums zu bestimmten Anlässen geöffnet werden. Dazu gehören die Tankstellen im Freilichtmuseum Kiekeberg bei Hamburg, die Glentleiten in Oberbayern, Detmold in Westfalen-Lippe und im Automuseum Central-Garage in Bad Homburg vor der Höhe.

Mehr Infos

www.tankstelle-brandshof.de
www.maulwerk-cafe.de
www.hotelvictoria.at
www.acecafeluzern.ch
www.kiekeberg-museum.de
www.lwl-freilichtmuseum-detmold.de
www.glentleiten.de
www.central-garage.de

Festivals

Hier geht die Post ab!

Drei Jahre war Pause, doch 2022 ist es zurück – das größte Youngtimer-Fest der Republik an der alten Zeche Ewald in Herten. Am 4. September soll es wieder so weit sein und mehr als 200 Fans und Freunde haben sich bereits angemeldet, mehr als 1500 sind interessiert. 2020 und 2021 hatten die Corona-Zeiten einfach den Großanlass gekillt. Doch jetzt wird in Herten wieder die Zeche gerockt, denn hier wird das Youngtimer-Motto seit jeher ernst genommen. Was weiß Gott nicht bedeutet, dass es keinen Spaß gibt. Im Gegenteil.

Zugelassen sind in diesem Jahr alle Fahrzeuge bis Baujahr 2000, was komplett in Ordnung ist, denn damit sind die wertvollen 1990er-Jahre-Modelle dabei, die in den vergangenen Jahren immer mehr Zuspruch gefunden haben. Natürlich nur in der richtigen Szene, die ein oder zwei Lichtjahre von der tiefsten Klassik- und Oldtimer-Szene entfernt ist.

Trotzdem geht es in Herten großzügig zu, natürlich wurden auch Oldtimer in den früheren Jahren gesichtet. Und viele Fahrzeuge, die zwar kein H-Kennzeichen kriegen würden, aber nicht minder leidenschaftlich von ihren Besitzern und Besitzerinnen herausgeputzt wurden und werden. Und in Herten ihre verdienten Preise bekommen. Gelebte Leidenschaft ohne Starallüren eines klassischen Concours.

Neven dem Festival gab es jahrelang noch das Vestival von der Vest Media+ Event GmbH – ebenfalls auf dem Zechen-Gelände in Herten. Im Jahr 2017 lagen beide Termine nur wenige Tage auseinander. Was dafür spricht, dass im Ruhrgebiet die größte Youngtimer-Szene der Republik unterwegs ist. Ein regelmäßiges Youngtimertreffen gibt es auch am Bockhorner Oldtimermarkt und in der Alten Dreherei von Mülheim/Ruhr – Letzteres ist aber beschränkt bis Baujahr 1993, sodass mehr Old- als Youngtimer anrollen dürfen.

Mehr Infos
www.youngtimer-show.de
www.facebook.com/youngtimervestival
www.bockhorner-oldtimermarkt.de
www.alte-dreherei.de

Versicherungen

62

Youngtimer-Spezialtarife

Obwohl es den Youngtimer rechtlich nicht gibt, bieten mehrere Versicherungsgesellschaften günstige Sondertarife für diese Fahrzeuge an. Natürlich mit der Absicht, diese Autos bis ins Alter zu begleiten und dann in der Oldtimer-Versicherung im Bestand zu halten. Denn Oldtimer werden besonders gepflegt und achtsam gefahren, das Versicherungsrisiko ist also gering – und damit interessant.

Ähnliches gilt auch für die Youngtimer, die gern auch als Sammlerfahrzeuge bezeichnet werden. Denn ob 15 oder 20 Jahre, ein besonderes Fahrzeug wird in der Regel nicht als Alltagsauto genutzt und damit ist das Risiko … aber das hatten wir oben schon. Außerdem sehen das einige Versicherer als Nachwuchsförderung, sprich: »Das muss man unterstützen«, sagt Rainer Peukert von der Hiscox, »weil sich die Szene mit solchen Autos oft schwertut. Da muss man den jungen Leuten ein Angebot machen, damit sie ein Teil der Szene werden.«

Am Trackday auf abgesperrter Strecke kann es mal eng werden. Trost: Viele Youngtimer lassen sich einfacher flicken als Oldtimer.

Die Versicherungskonditionen sind bei allen Gesellschaften ähnlich. Es hängt also von den persönlichen Bedürfnissen ab, was die Versicherung leistet und welche die Günstigste ist. Das Fahrzeugalter muss meist 20 Jahre betragen, aber schon beim Fahrer bzw. Halter gibt es Unterschiede. Während die Württembergische auch einen 18-Jährigen versichert, verlangen ADAC und Hiscox mindestens 25 Jahre. Die Jahresfahrleistung wird in der Regel auf 10 000 Kilometer limitiert, eine Garage, Carport oder privater Stellplatz werden oft vorausgesetzt.

Versicherungen haben oft eigene Definitionen von Youngtimern, die als Sammlerfahrzeuge oft vergleichbare Prämien-Vorteile genießen wie Oldtimer.

Entscheidend kann auch der Fahrzeugwert sein, der meist nicht unter 5000 Euro liegen darf. Schließlich wollen die Versicherer keine Schrottautos versichern. Meist wird auch ein Originalzustand und/oder die (Oldtimer-)Zustandsnote 3 gefordert, der Youngtimer darf also keine größeren optischen und technischen Mängel haben. Am großzügigsten zeigt sich aktuell die HUK-Coburg, die keine Garage verlangt, keine Jahresfahrleistung bestimmt und keinen Fahrzeug-Mindestwert festlegt.

Mehr Infos
www.adac.de
www.allianz.de
www.belmot.de
www.hiscox.de
www.huk.de
https://occ.eu
www.wuerttembergische.de

Samurai-Youngtimer

Kampfansagen aus Japan

63

Japanische Klassiker sind im Kommen. So heißt es. Nun wird dieser Trend schon seit einigen Jahren beschworen, doch wir reden von einem zarten Pflänzchen, das kaum in den Top 50 der Youngtimer-Bestseller zu finden ist. Immerhin, es gab – und gibt – eine Reihe attraktiver Modelle aus Japan, die eine sehr treue Fangemeinde haben. Darunter etliche Supercars, Rallye- und Sportwagen, die zu Recht Youngtimer-Status erlangt haben.

Ganz vorn dabei sind die beiden Boy-Racer aus der Rallye-Szene: der Mitsubishi Lancer Evo (Version 1992–1998) und der Subaru WRX STi (Version 1994–2000). Gefürchtete Allrad-Turbo-Monster, die in den Bergen jeden 911er nass machen konnten. Der Sieg von Colin McRae 1995 sorgte für entsprechende Begeisterung auf der Straße und den Spielekonsolen. Ein Jahr später zog Tommi Mäkinen mit dem Mitsubishi Evo III nach. Beide gelten als direkte Konkurrenten und werden nicht mehr in Europa neu angeboten – was sie als Youngtimer umso interessanter macht.

Sport und Supersport

Honda bot in den 1990ern gleich zwei Sportwagen-Preisklassen an: den Technologieträger NSX (1. Serie 1990–1997) und den Integra Type-R (1998–2001). Der NSX war das erste aus Aluminium gefertigte Serienmodell der Welt. Zahlreiche Auszeichnungen würdigten den Sportwagen mit Mittelmotor-V6, der mit 130 000 DM aber unerschwinglich war. Heute sind die Preise erträglicher, aber immer noch nicht günstig. Dagegen war das 2+2-Coupé Integra Type R für knapp 50 000 DM ein bezahlbarer und höchst fahraktiver Straßensportler, den heute kaum noch jemand kennt. Beide sind selten, aber in jedem Fall ein heißer Tipp.

In der Integra-Kategorie spielen auch Subaru SVX, Mazda RX-7 und Nissan 300ZX mit. Letzterer bezieht sich mit dem Z auf seine berühmten Vorgänger Datsun 240/260/280Z aus den Siebzigern. Ihm zur Seite standen noch die kleineren Vertreter 100 NX und 200 SX. Der vierte 300ZX (1989–2000) wurde nur bis 1995 als Cabrio und Coupé in Deutschland verkauft. Der Twin Turbo sorgt für ordentliche Fahrleistungen und war bei 250 km/h sogar abgeregelt.

Mazda bot zeitgleich mit dem 300ZX die dritte Generation seines RX-7 an (1991–2002). Und in dem gilt der fleißig weiterentwickelte Wankel-

Motor als technischer Leckerbissen. Leider machten die Abgasvorschriften ihm in Deutschland bereits 1996 den Garaus. Und auch sein Preis von 85 000 DM verhinderten einen großen Erfolg. Als Youngtimer ist er eine Rarität.

Gleiches gilt für den Subaru SVX (1991–1997), von dem nur 25 000 Exemplare gebaut wurden, von denen zehn Prozent nach Europa gelangten. Giugiaro-Design, Allrad und Sechszylinder-Boxer waren keine schlechten Zugaben, doch es reichte nicht zum Erfolg.

Mehr Infos
www.z-zx-club.de
www.rx7-club-europe.de
http://nsxclubeurope.com
http://honda-integra.de
https://evo-forum.de
http://sigtc.com
www.svxclub.de

Der Honda NSX war ein Technologieträger und ist heute ein ganz großer Youngtimer aus Fernost.

Mini-Youngtimer

Kleiner Racer-Nachwuchs

64

Wer kennt noch den Autobianchi/Lancia A112 Abarth? Ein fetziger Kleinwagen, der lange vor dem VW Golf GTI bewies, dass es Fahrspaß nicht nur in Sportwagen und Premiummodellen geben kann. Heute schon ein Oldtimer, aber es gab Nachfolger, die in derselben Kategorie spielen und genauso ihre Fangemeinde gefunden haben. Als Youngtimer natürlich.

Dazu gehört selbstverständlich der Mini Cooper, der noch vor dem italienischen Flitzer auf dem Markt war und Siege bei der Rallye Monte-Carlo feierte. In den zuletzt gebauten Einspritzversionen SPI/MPI der Versionen Mk VI und VII (1992–2000) gibt es die letzten Ausbaustufen. Aber verglichen mit seinen bescheidenen 63 PS sind die Youngtimer-Konkurrenten jener Zeiten bereits Granaten …

Der Ur-Mini sieht alt aus, aber die letzten Modelle stammen aus 2000 und sind damit gerade ins beste Youngtimer-Alter gekommen.

Dazu gehört als würdiger Nachfolger des A112 der Lancia Y10 (1985–1995), der in der Turbo-Version 85 PS auf die Straße brachte und bis 180 km/h rannte. Ein sehr moderner Kleinwagen, der mit seiner mattschwarz lackierten Heckklappe zudem unverwechselbar war. Noch ein Kleinwagen, aber schon ein paar Zentimeter größer als der Lancia, ist der Opel Corsa B GSi (1993–2000), der zuletzt 109 PS leistete und bis 192 km/h schnell war.

Sein Gegner hieß zu jener Zeit Peugeot 205 GTI, der erst als 1.6 und später als 1.9 (1986–1992) bis zu 128 PS hatte und damit 208 km/h schaffte. Ein typischer Ableger der zu jener Zeit erfolgreichen Peugeot-Rallyeversion. Der französische Konkurrent Renault kam mit dem Clio in begrenzter Stückzahl als 1.8 (1991–1993) und 2.0 Williams (1994–1997) auf den Markt. Mit 135 und 147 PS waren das echte Straßenfeger, die weit über 200 liefen.

Ford zog sich in den 1990ern aus dem Motorsport zurück. Der beliebte Fiesta XR2i (1989–1993) mit 103 PS bekam in der folgenden Fiesta-Reihe keinen Nachfolger, allerdings wurde der 1,6-Liter-Motor für

Ein Kleinwagen, der es in sich hat: Peugeot 205 GTI. Sein heimischer Gegner hieß Renault Clio Williams.

knapp 190 km/h weiter angeboten. VW hatte mit dem Polo II (86C) bis 1994 ein heißes Eisen im Feuer: den G40 mit G-Lader und 113 Kat-PS, der fast 200 km/h schnell war. Beim Nachfolger (86N) gab es zuerst kein Sportmodell, erst 1998/99 kam ein kleiner GTI mit 120 PS, der 200 erreichte. Viel spaßiger wurde es danach in der Fahrzeugklasse tiefer mit dem Lupo GTI, der sogar 125 PS mobilisierte und die 200er-Marke knacken konnte.

Mehr Infos
https://ig-deutsche-miniclubs.de
www.y10club.it
www.opel-clubbetreuung.de
www.peugeotboard.de
www.cliowelt.de
www.ford-fiesta-club.de
www.polotreff.de
https://lupoclub.de

Große Ansage

Youngtimer-Limousinen

65

Youngtimer sind nicht nur selten, stark und cool, sondern gern auch luxuriös. Das liegt schon an ihrer Positionierung. So ist ein BMW M5 von Haus aus schon besser ausgestattet als die Einstiegsversion. Aber es geht natürlich noch viel höher hinaus – in die Luxus-Limousinen-Klasse. Neu praktisch ausschließlich geleaste Dienstwagen, im fortgeschrittenen Alter aber irgendwann auf dem Gebrauchtwagenmarkt anzutreffen. Und dort schwer verkäuflich.

Das drückt die Preise und so sind Mercedes und Co. mit V8, Leder und Vollausstattung auf einmal richtig erschwinglich – solange man weiß, wie man die laufenden Zahlungen und die im Alter unvermeidlichen Ersatzteilkosten im Griff behalten kann. Aber es hat was, mit so einem Dickschiff unterwegs zu sein, man ist Chef-mäßig unterwegs.

Und das kann in der Premiumklasse der 1990er gerade noch funktionieren, weil die Zahl der damals verbauten Steuergeräte überschaubar war – oder eben auch nicht, weil dort die Kinderkrankheiten auftraten? So oder so, leuchten im Cockpit bei der Probefahrt diverse Lämpchen, sollte man alarmiert sein. Gepflegte Exemplare mit wenig Vorbesitzern sind bei diesen Käufen noch wichtiger als sonst, um den wirtschaftlichen Totalschaden zu vermeiden.

Drei Topmarken aus Deutschland

Ganz vorn in der Wunschliste steht die S-Klasse von Mercedes, der W 140 (1991–1998). Verurteilt wegen seines klotzigen Aussehens – und genauso vom legendären Designer Bruno Sacco und dem Vorstand abgesegnet. Immerhin gab es ein Coupé und das wirkt etwas eleganter. Fortschrittlich war das erste CAN-Bus-System in einem Automodell, doch das hilft im Alter nicht immer weiter. Unkomplizierter sind V8 und V12, dafür liebt man die S-Klasse.

Optisch attraktiver wirkt der 7er-BMW vom Typ E38 (1994–2001). Das erste Modell in Europa mit einem Navigationsgerät ab Werk. Auch hier kann die Elektronik die ersten Kopfschmerzen verursachen, doch in den meisten Erfahrungsberichten kommt das bayerische Flaggschiff gut weg. Und ist als Sechszylinder-Diesel sogar sparsam zu bewegen.

Dritter im Premium-Bunde ist der erste Audi A8 D2 (1994–2002) als Nachfolger des V8. Die erste Oberklasse aus Aluminium und wahlweise mit Front- oder Allradantrieb. Weniger erfolgreich als die beiden Konkurrenten und auch nicht ganz frei von Fehlern im System. Da der Nachfolger meist etwas bessere Noten bekommt, sollte man bei ihm vorsichtig sein.

Lohnt sich der Blick über den deutschen Tellerrand? Nein, denn im Grunde ging es damals in der Oberklasse nur um die drei Marken, bei denen selbst der Audi nur ein Einsteiger war. Daher spielen Citroën XM (1989–2000), Jaguar XJ (1994–2003) und Lexus LS400 (1994–2000) nur eine kleine Rolle. Liebhaber gibt es natürlich auch dafür.

Mehr Infos
www.mobile.de
www.a8-freunde.de
www.7-forum.com
www.w140forum.de
http://xm-ig.de/
www.clublexus.com

Oberklasse ist im Youngtimer-Alter oft günstig zu haben. Der Unterhalt ist dafür teuer wie bei dieser ersten Audi A8-Generation.

Englands Fighter

Die schönsten Youngtimer

66

Um die englische Autoindustrie war es in den 1990er-Jahren leider nicht mehr so gut bestellt. Der Riese British Leyland hatte mit den Jahren fast alle Marken aufgesogen, ohne damit erfolgreich zu sein. Der Verkauf der Rover Group an BMW verlängerte nur das langsame Sterben, aus dem sich nur Land Rover (mit Jaguar bei Tata) und Mini (BMW) retten konnten. Da verwundert es wenig, dass es kaum attraktive Modelle aus dieser Zeit gibt, auch wenn der neue Mini aktuell ins zarte Youngtimeralter gekommen ist.

Nur Fliegen ist schöner – die leichte Lotus Elise war vom ersten Tag an begehrt. So müssen Youngtimer sein …

Die in Zusammenarbeit mit Honda entstandenen 00-Reihen (100, 200, 400, 600, 800) sind allenfalls auf der Insel gesucht. Eine Ausnahme ist der bis 2000 gebaute (alte) Mini, der seit seinen Erfolgen bei der Rallye Monte-Carlo eine treue Fangemeinde hat – aber angesichts seiner langen Produktionszeit und dem unveränderten Aussehen eher als Oldtimer gilt.

Auch die traditionsreiche Firma MG hat mit dem MG F (1995–2005) noch einen attraktiven Mittelmotor-Roadster gebaut, der als Youngtimer seine Berechtigung hat. Die Neuauflage des alten MG als RV8 ist selten

(2000 Stück) und letztlich neuer Wein in alten Schläuchen. Das funktioniert als Youngtimer nur begrenzt und ist vor allem ein Thema bei Brit-Freunden. Ganz anders dagegen der Lotus Elise/Exige (ab 1996), der weltweit Beliebtheit erlangte.

Luxus funktioniert noch

Etwas einfacher sieht es bei den englischen Edelmarken Jaguar, Land Rover und Aston Martin aus, die auf Grund der Marke schon Youngtimer-Potenzial in sich bergen. Doch auch hier merkt man die schwierige Zeit vor der Jahrtausendwende. Aston Martin, ab 1987 in Ford-Besitz, war ein Sanierungsfall und konnte mit dem neuen Virage nicht überzeugen. Zum Retter wurde nur der DB7, der optisch wie sportlich als Youngtimer überzeugt.

Jaguar, kurz nach Aston ebenfalls von Ford gekauft und später in der Premier Automotive Group zusammengefasst, hatte in den 1990ern mit der Limousine XJ6 (X 300) und dem Sportwagen XK 8 zwei schlagkräftige Verkaufsargumente. Und wie so oft – was beliebt war, bleibt beliebt, auch im Youngtimer-Alter. Das wirkt bis heute stilvoll und souverän.

Land Rover weitete vor 30 Jahren seine Modellpalette beträchtlich auf. Neben den unsterblichen Legenden Defender und Range Rover traten Discovery und Freelander. Doch beide teilen nicht den Nimbus der alten Herren, von denen der eine als Raubein und der andere als Landlord gilt. Ihnen gilt das Nachwuchs-Interesse, sofern sie nicht im Segment der klassischen Allradler beheimatet sind und auf das Youngtimer-Prädikat gern verzichten.

Nicht vergessen wollen wir die Super-Ikone der 1990er – den McLaren F1 (1993–-1997). Einer der ersten Supersportwagen, nur 106-mal gebaut. Carbon-Karosse, 12-Zylinder von BMW und drei Sitze – Fahrer in der Mitte – zeichnen dieses Auto aus, das nahtlos vom Neuwagen zum Neoklassiker wurde, jetzt als Youngtimer gilt und in zwei Jahren – Oldtimer wird.

Mehr Infos

www.dlrc.org
www.jaguar-association.de
www.amoc-germany.de
www.mgcc.de
www.mini-forum.de
https://cars.mclaren.com
www.lotus-club-deutschland.de

Fahrspaß

67

Bloß nix stehenlassen!

Wir wissen, wonach wir Youngtimer suchen – erste Hand, wenig Kilometer, scheckheftgepflegt, unfallfrei, Garagenauto. Und keine Frage, diese Schätzchen gibt es. Die eigentliche Frage lautet wie in der Sesamstraße: Was passiert dann? Fahren oder Pflegen? Konservieren oder knallen? Wegstellen oder Weiterfahren?

Vom Gesichtspunkt des Werterhalts – und der kann ja bei sauteuren Modellen eine Rolle spielen – ist Wegstellen sicher die Lösung. Nicht mal anmelden dürfte man den Youngtimer, damit nicht noch ein Besitzer eingetragen wird und das Ersthand-Auto auch ein solches bleibt. Aber ganz ehrlich – das ist tragisch. Man hat sein Traumauto und darf es nicht fahren?

Völliger Blödsinn und überhaupt kein Youngtimer-Drivestyle – denn der lautet: Habt Spaß! Wofür sonst hat man so tolle Autos gebaut? Doch nicht für die Vitrine. Die Autos wollen raus, leben, gefahren werden – Bewegung ist das Beste, was einer Maschine passieren kann. Nur so bleibt alles geschmeidig und rostet nichts ein. Schon mal was von Standschäden gehört? Das muss nicht sein!

Wie immer macht die Dosis das Gift. Einen schönen Youngtimer als Daily Driver im Autobahnstau quälen oder täglich 50 Kilometer durch die Stadt prügeln macht wenig Sinn. Aber am Wochenende mal schnell den Ausflug zum See oder zum Freund, das muss drin sein. Kilometer gehören und kommen dazu, aber das ist ja nicht das Ende vom Auto.

Im Schnitt werden Liebhaberfahrzeuge lange nicht 5000 Kilometer im Jahr gefahren. Selbst dann kämen in 20 Jahren nur 100 000 Kilometer zusammen. Das ist nichts, schon gar nicht für einen robusten Sechs- oder Achtzylinder. Und den hat man gerade, um damit Spaß zu erleben und zu genießen. Youngtimer-Fans sind schließlich keine Museumsbetreiber.

Ob Original oder getunt, ob 15 oder 25 Jahre alt – Fahrspaß gibt es in allen Klassen, wie das Fahrerlager bei der Klassikwelt Bodensee jedes Jahr aufs Neue beweist.

Mehr Infos
www.motor-talk.de
https://helgethomsen.com

Schadenersatz

68

Wertminderung nach Unfall

Ein altes Auto kann bei einem Unfall ganz schlecht aussehen. Einerseits, weil sein Sicherheitsstandard nicht so hoch ist. Andererseits, weil der Unfallverursacher möglicherweise behauptet, das Blechopfer sei nichts mehr wert. Sprich, er müsse für keine Wertminderung aufkommen. Davon kennt die Rechtsprechung gleich zwei Arten.

Wie bei Oldtimern gibt es auch bei Youngtimern nach Unfällen eine Wertminderung, die der Unfallverursacher bezahlen muss.

Die merkantile Wertminderung, also den geringeren Verkaufswert nach einem Unfall. Und die technische Wertminderung, wenn sich der Schaden nicht komplett reparieren lässt. Zum Beispiel, weil der Lack nicht altersgerecht aussieht und ein Unterschied sichtbar bleibt.

Rechtliche Unterstützung bekam ein Youngtimer-Fahrer in so einem Fall kürzlich beim Amtsgericht Schwäbisch Gmünd (Az. 5 C 626/20). Das urteilte, dass auch bei einem älteren Fahrzeug, ergo Youngtimer, ein Anspruch auf Ausgleich der Wertminderung besteht. Das Unfallopfer war ein 19-jähriger BMW 750i, für den der Sachverständige einen Reparaturschaden von 5500 Euro und eine Wertminderung von 1000 Euro errechnet hatte.

Die Wertminderung wollte die gegnerische Versicherung mit dem Argument nicht bezahlen, das könne es bei einem so alten Auto ja nicht mehr geben. Das Amtsgericht entschied anders und hob hervor, dass es sich um einen Youngtimer im einwandfreien Zustand, mit nur 63 000 Kilometern und ohne Vorschäden gehandelt habe. Die Minderung des Marktwerts um 250 und der Technik um 750 Euro sei angemessen. Schließlich habe der Wagen seine Originalität eingebüßt. Und die sei ein wertbildender Faktor. Damit folgte das Amtsgericht einer ähnlichen Entscheidung des Oberlandesgerichts Düsseldorf (Az. I-1 U 107/08). Dort war für Oldtimer ein merkantiler Minderwert anerkannt worden, insbesondere bei Beschädigung oder Zerstörung der historischen Substanz.

Übrigens: Zwar spricht der Richter das letzte Wort, aber die Berechnung liegt zuvor im Ermessen des Sachverständigen. Diese Berechnung erfolgt meist nach der Methode Ruhkopf/Sahm und dort spielt das Fahrzeugalter eine wichtige Rolle. Eine allgemeine Berechnungsformel der Wertminderung für beschädigte Old- oder Youngtimer gibt es nicht.

Mehr Infos
https://minderwert.de
https://amtsgericht-schwaebisch-gmuend.justiz-bw.de
https://verkehrslexikon.de

Was ist ein Unfallschaden? Alles, was über normale Lackkratzer hinausgeht. Eine wichtige Frage, die in vielen Kaufverträgen nicht richtig beantwortet wird.

Serienkult

69

Youngtimer im Fernsehen

Der Begriff Youngtimer zieht Zuschauer an, auch wenn es nicht immer um die altersmäßig korrekten Modelle geht.

Auto-Sendungen gibt es reichlich im Fernsehen. Ist ja auch ein dankbares Thema, da bewegt sich was, man kann viele spannende Dinge zeigen und Emotionen bilden den Kitt für alles. Nur Youngtimer kommen etwas zu kurz, weil natürlich Neuwagen das große Thema sind. Da man noch die eine oder andere Werbebotschaft platzieren kann, wen interessieren da schon alte Autos, so schön sie auch sein mögen?

Moment, wird der eine oder andere sagen: Det Müller bei RTL II mit »Mein neuer Alter« und Panagiota Petridou auf VOX mit »Biete Rostlaube, suche Traumauto« handeln doch jede Woche mit alten Autos. Jaha, alt sind die Karren schon, aber meistens nicht cool und daher auch keine Youngtimer. Da mag am Ende ein sogenanntes Traumauto stehen, das vielfach nur ein nützliches Alltagsmodell ist – denn mehr wird dort auch gar nicht gesucht.

Mit solcher Zielsetzung wird der Youngtimer-Fan kaum glücklich. Und ob man sich beim Verkaufsgebaren der beiden selbsternannten Auto-Experten so viel abschauen kann oder soll, sei mal dahingestellt. Etwas besser macht es Kult-Moderator Helge Thomsen in seinem »Youngtimer-Duell« auf DMAX. Dort treten immerhin »Autos mit Charakter«, man könnte auch sagen Charisma, gegeneinander an. Nicht immer lupenreine Youngtimer, aber immerhin keine 08/15-Ware, sondern Autos, mit denen man sich gerne ab- oder umgibt.

Mehr Infos
https://dmax.de
www.vox.de
www.rtl2.de

Folien

70

Mehr als nur ein Trend

Autofolien sind seit mehr als 20 Jahren ein beliebtes Tuning- und Verschönerungselement. Bei Youngtimern ist das unproblematisch, solange es sich nicht um stark reflektierende Folien handelt, durch die andere Verkehrsteilnehmer geblendet werden können. Dann schreitet die Polizei ein und die Folie muss wieder runter. Das kann der TÜV beim Oldtimer ebenfalls verlangen, wenn es damals noch keine Folien gab, sondern lackiert wurde.

Youngtimer der 1990er können in der Regel unproblematisch beklebt werden, neudeutsch Carwrapping genannt. Eine Spielart sind Tönungsfolien, die als Sonnenschutz dienen. Da gibt es passend zugeschnittene Produkte, die sich schnell und einfach montieren lassen. Als Lackschutz gibt es transparente Folien oder farbige, um dem Auto einen ganz neuen Look zu verpassen, ohne den Originallack zu schädigen.

Voll- oder Teilfolierung

Folienanbieter gibt es mittlerweile reichlich, sogar die Hersteller bieten schon Foliensätze an. Möglich sind Teil- und Vollfolierungen, wobei Letztere kaum günstiger kommen als Neulackierungen. Vor allem, wenn Türeinstiege und Ecken foliert werden sollen oder Anbauteile runter müssen, um die Folie anbringen zu können. Doch dieser Aufwand ist die Ausnahme. Viel häufiger und beliebter ist die Teilfolierung, um bestimmte Fahrzeuge nachzuahmen, zum Beispiel Rennwagen. Sehr beliebt sind da die quattro-Rallye-Modelle von Audi, die auf Basis eines Serienmodells nachgebaut und beklebt werden.

Eine Folie schützt nicht nur, sie verleiht Youngtimern auch oft den richtigen Renn-Trimm, selbst wenn nicht der korrekte Motor unter der Haube steckt.

Sinnvoll kann auch sein, Flächen zu maskieren, beispielsweise weiße Kreise auf den Türen, um Startnummern für Rallyes gut sichtbar aufkleben und später lackschonend wieder abziehen zu können. Oft reichen Rallyestreifen, Beschriftungen oder alte Werbeaufkleber, um einen Youngtimer authentischer zu machen. Dazu gehören auch Neuauflagen alter Dekore, die per Wasserschiebetechnik aufgelegt und nachträglich lackiert werden. Letzter Schrei ist Sprühfolie, die sich verfestigt und wie eine Folie wieder abgezogen werden kann.

Mehr Infos
www.foliatec.com
www.fetzer-beschriftungen.de
https://oldtimer.rd350lc.de
www.classicshop.porsche.com
https://autoaufkleber24.de

Lesestoff

71 Rettet die Raritäten

Nachdem die Youngtimer-Welle ab Mitte der 1990er immer stärker wurde, legte »Auto Bild« unter dem Arbeitstitel »Youngtimer – rettet die Raritäten« 1999 einen Magazin-Entwurf vor. Auslöser war die Verschrottungsaktion des Radiosenders ffn, um sogenannte Stinker von der Straße zu holen. Geschreddert wurden dann ausgerechnet keine Youngtimer, sondern ein VW Käfer, ein Bulli und ein Goggo – als echte Oldtimer der 1950er-Jahre. Was die Geschichte katastrophal machte, denn hier wurde definitiv Kulturgut zerstört.

Doch auch jeder damals 20-jährige VW Golf GTI war in Gefahr und jeder Opel Manta stand ebenfalls auf der Todes-Schrottliste. Raritäten, die gerettet werden mussten. Doch das mit redaktionellem Herzblut initiierte Thema stieß im Verlag auf wenig Gegenliebe und so verschwand der Magazin-Dummy in der Ablage bei Axel Springer.

Nur wenige Jahre später setzte die Motorpresse in Stuttgart das Magazin »Youngtimer« ab 2003 dann am Kiosk durch. Und widmet sich Autos der 70er-, 80er- und 90er-Jahre. Was vor 20 Jahren nach einer mutigen Mischung klang, doch heute traut es sich nur selten über die Jahreszahl 2000 hinaus. Und die 1970er/1980er sind längst altes Eisen.

Zwei internationale Ableger

In den traditionellen Oldtimer-Magazinen wie »Motor Klassik« und »Oldtimer Markt« traten ebenfalls seit dieser Zeit Youngtimer auf und wurden als Teil der Szene berücksichtigt. Mit der »Auto Classic« vom GeraMond Verlag ab 2006 und »Classic Cars« von Bauer ab 2011 entstanden zudem zwei Heftkonzepte, die vom Start weg neben Old- auch Youngtimer regelmäßig in der Berichterstattung würdigten.

Die »Youngtimer Welt« aus dem WP Europresse Verlag hat sich dagegen nicht wirklich durchsetzen können und fristet nur noch ein Schattendasein auf Facebook. Dafür hat es das italienische Klassik-Magazin Ruoteclassiche 2018 geschafft, ein »Youngtimer«-Heft auf dem Markt zu etablieren. Und mit »Youngtimers« gibt es auch aus Frankreich einen Nachahmer.

Doch obwohl viele Oldtimer-Zeitschriften Youngtimer ab 2000 wohlwollend aufnahmen, vorstellten und besprachen, ein zweites Magazin neben der Motorpresse platzierte niemand am deutschen Kiosk. Das Marktpotenzial scheint nicht groß genug zu sein. Womit wir bei den alten

So sah er aus, der »Youngtimer-Prototyp« von »Auto Bild«. Aber die Zeit war damals noch nicht reif für das Magazin, sagten die Vertriebsexperten.

Youngtimer-Themen sind – über welche Jahrgänge sprechen wir? Wie viele Fans gibt es und von welchen Autos reden wir? Das Thema ist gut, aber nie so groß geworden, dass es die nötige Eigendynamik in der Vermarktung gewonnen hätte.

Mehr Infos

www.youngtimer.de
https://de-de.facebook.com/youngtimersmag
https://ruoteclassiche.quattroruote.it

Ersatzteile

72

Kein Grund zur Traurigkeit

Im Gegensatz zum Oldtimer und seinen vielfältigen Ersatzteilproblemen bleibt der Youngtimer-Fahrer davon meist verschont. Denn was es nach 30 oder mehr Jahren nur noch selten gibt, ist 20 Jahre früher noch reichlich vorhanden. Sprich, solange Youngtimer noch im Gebrauchtwagenmarkt unterwegs sind, gibt es reichlich Teile. Ganz besonders für beliebte Modelle wie den 3er-BMW der E46-Reihe (1998–2005).

Youngtimer haben zwar keine Teilegarantie. Doch um die begehrteren oder teureren Modelle muss man sich weniger Sorgen machen.

Erst ab 2024 will BMW dessen Teilebestände ins Classic-Sortiment überführen, volle 19 Jahre nach Produktionsende. Das hat einen guten Grund: Es sind noch so viele Exemplare des beliebten Modells unterwegs, dass mit den Teilen immer noch gutes Geld verdient werden kann. Ergo kann selbst ein 20 Jahre altes Modell heute noch problemlos repariert werden. Und man darf erwarten, dass das noch lange so bleibt.

Allerdings: Vereinzelt fehlen bereits relevante Teile in den Listen der Hersteller, wie Luftmassenmesser oder Sensoren. Geht so etwas kaputt, hilft nur ein Gebrauchtteil, und das muss nicht lange halten. Deshalb vorher in Foren und Klubs informieren, welche Modelle besonders anfällig, schwer oder sogar unmöglich zu reparieren sind. Oder der TÜV die rote Karte zeigt, weil ein Steuergerät spinnt. Was nützt der schönste Youngtimer, wenn er tot ist?

Lange Liefergarantie

Grundsätzlich gilt eine Teilegarantie bis zehn Jahre nach Einstellung des Modells. Addiert man die Produktionszeit hinzu, kann ein Auto bis zu 20 Jahre lang mit Ersatzteilen versorgt werden. Etwa 15 Jahre nach Einstellung eines Modells springen meist die Klassik-Abteilungen der Hersteller ein, verwalten die Altbestände oder lassen sogar nachproduzieren, um sicherheitsrelevante Teile wie Bremsen oder Lenkung liefern zu können, damit die Fahrzeuge auf der Straße bleiben.

Schwierig wird es oft bei Klein- oder Zierteilen, die sich heute per 3D-Druck sogar zuhause nachfertigen lassen. Ein Engpass können vor allem Blechteile werden, davon können Oldtimerfahrer ein Lied singen. Sind die Presswerkzeuge für Kotflügel und Co. verbraucht, wird eine Nachfertigung teuer – auch für den Hersteller. Doch es gilt: Stimmt die Nachfrage, gibt es auch neue Blechteile vom Hersteller oder einem Zulieferer.

Grundsätzlich ist davon auszugehen, dass es für Youngtimer aus den 1990er-Jahren deutlich mehr Ersatzteile gibt als für Oldtimer: Die Stückzahlen der Fahrzeuge sind höher, die Teilenachfrage ist größer und die Reproduktion einfacher als früher. Tipp: Die umfassendste Teile-Schnellsuche gibt es bei Retromotion – mit einer Abfrage sind alle Zulieferer erfasst. Das kann schneller gehen, als über viele verschiedene Teileseiten zu surfen.

Mehr Infos
https://retromotion.com

Kaufgründe

73

Weiche Merkmale statt harter Fakten

Neben harten Fakten wie Kilometerstand, Rost und möglichen Unfallschäden sind es immer wieder die sogenannten weichen Faktoren, die auch beim Youngtimer-Kauf eine Rolle spielen. Spielen sollten. Dazu zählen die Zahl der Vorbesitzer, der Wartungszustand anhand des Bordscheckhefts, ob es sich um ein Importmodell handelt, wie Reparaturen dokumentiert sind und ob der Originalzustand noch besteht.

Der Traumkauf ist immer das gepflegte Auto aus erster Hand mit wenig Kilometern, in Deutschland ausgeliefert, mit voll gestempeltem Serviceheft ohne Unfall und sauberer Historie. Das gibt es, nur nicht wie Sand am Meer. Man braucht Glück und/oder Geduld bei der Suche. Irgendeinen Kompromiss muss man meist machen, wenn die Suche zeitlich nicht uferlos werden soll. Dafür gibt es keine Faustregel, sondern nur – das Gefühl.

Gesundes Misstrauen

Im Grunde gelten die gleichen Kriterien wie bei jedem Gebrauchtwagenkauf. Ist der Verkäufer vertrauenerweckend? Ist es ein Händler, der Garantie gibt? Drei Vorbesitzer in 18 Jahren sind normal, zehn in derselben Zeit ein Grund, misstrauisch zu sein. Rund 15 000 Kilometer pro Jahr sind eine übliche Laufleistung, bei Cabrios ist das eher unnatürlich.

Ein Scheckheft auch mit Stempeln einer freien Werkstatt im höheren Fahrzeugalter ist besser als gar keins. Oder Lücken seit 50 000 Kilometern. Anhand der Eintragungen lässt sich auch erkennen, wie viel Kilometer das Auto pro Jahr bewegt wurde. Wenig Vorbesitzer und wenig Kilometer sprechen für einen schonenden Umgang und niedrigen Verschleiß. Stand der

Auch wenn der Youngtimer noch so gut aussieht – wenige Kilometer und wenige Vorbesitzer sind wichtigere Kriterien als ein matter Lack.

Wagen dann noch in der Garage, gibt es auch weniger Sonnen- und UV-Schäden.

Immer eine Frage wert: Warum wird das Auto verkauft? Ist der Besitzer zu alt zum Fahren? Gibt es ein ungelöstes technisches Problem? Ist der TÜV fällig? Hat der Verkäufer es nur kurz oder lang besessen? Je intensiver man sich mit dem Youngtimer-Kauf beschäftigt und viele Autos anschaut, umso mehr Erfahrung gewinnt man mit der Technik und – den Menschen. Und entwickelt das obige Bauchgefühl, ob mit dem Wagen alles in Ordnung ist. Oder nicht.

Audi

74 Die schönsten Youngtimer aus Ingolstadt

Mit dem Ur-quattro fing es 1980 an, dass Audi sein Hutträger-Image und den Titel als »Prokuristen-Mercedes« ablegte und zu einem ernstzunehmenden Konkurrenten von Mercedes und BMW wurde. »Vorsprung durch Technik« war der geflügelte Spruch, der in jüngster Zeit den Ingolstädtern ein wenig um die Ohren fliegt. Doch in den 1990ern befand sich Audi noch auf dem besten Weg – nach oben.

Der S2 als Coupé (1990–1995), aber auch als Limousine und Avant, sowie der Audi 80 als Avant RS2 (1994–1996) waren die ersten beiden Liebhaberstücke nach dem quattro, die man sich merken musste. Und die heute im Youngtimer-Lager aufbewahrt werden. Etwas weniger berühmt wurden S4 und RS4, die gegen Ende der 1990er-Jahre das Erbe der beiden Vorreiter übernahmen. Gleiches gilt für die weit oben positionierten S6 und S8.

Das erste Audi Cabrio wurde zwar als »Badewanne« verspöttelt, hat aber längst den Youngtimer-Status erreicht.

Aluminium und Allrad

Immer noch beliebt – wenn auch manchmal wegen der hohen Seitenlinie als »Badewanne« bespöttelt – ist das erste Audi Cabrio (1991–1997), das sprichwörtlich frischen Wind in den Laden brachte. Er ist noch nicht so glatt gestylt wie sein Nachfolger und wirkt daher bis heute markant und eigenständig. Das gilt auch für den A2, das zweite Alu-Modell nach dem A8. Doch an seinem Design scheiden sich die Geister. Ein Youngtimer? Vielleicht.

Als Design-Ikone gefeiert wurde dafür der TT als Coupé (ab 1998). Der Roadster ab 1999 schwamm auf derselben Welle, die der Mazda MX-5 begründet hatte und die BMW zum Z3 und Mercedes zum SLK inspirierte. Beide waren einen Tick schneller auf dem Markt, doch keiner polarisierte so stark wie der Audi. Als besonders beliebt erwies sich der Audi Allroad quattro ab 1999 auf Basis des A6 (C 5). Die Nachfolger erreichten nie mehr seinen Kultstatus, was für seine Qualitäten spricht. Auch als Youngtimer.

Bei Audi in Ingolstadt stecken viele Youngtimer-Ikonen im Paternoster – da kann man beim Zuschauen schon ins Schwärmen kommen.

Mehr Infos
www.audi.de
https://a2-freun.de
www.audi-rs-club.de
www.audifieber.de
www.tt-owners-club.net

Rallye-Ambitionen

Mit einer Creme fing es an

75

Seit 20 Jahren ist sie die berühmteste Youngtimer-Rallye in Deutschland, die Creme21. Moment, Youngtimer? So hat es mal angefangen – und da ist es lange stehengeblieben. Bis vor kurzer Zeit fuhren dort nicht Autos der 1990er-Jahre, sondern ausschließlich Autos der 1970er- und 1980er-Jahre – aus der Zeit, als die Rallye gegründet wurde. Ja, die Creme21-Rallye – benannt nach der legendären Hautcreme in der orangen Dose – hat wie so viele Youngtimer-Trends um die Jahrtausendwende herum angefangen. Damals, um mit Autos Rallyespaß zu haben, die auf normalen Oldtimer-Veranstaltungen gar nicht zugelassen waren. Auf diesem Stand ist die Creme21 lange stehen geblieben, seit kurzem werden auch Fahrzeuge zugelassen, die bis in die »1990er-Jahre in Produktion waren. Und im Originalzustand erhalten sind.« So viel Kulturgut muss dann schon noch sein.

Lebensgefühl der 1970er-Jahre

Es treffen sich in jedem Fall meist immer wieder die Fans, die schon vor langer Zeit bei der Creme21 begonnen haben. Eine Community, was schön ist. Es Neuzugängen aber schwer macht. Oder machte, es scheint ja wieder Bewegung in die Sache zu kommen.

In jedem Fall geht es um ein Lebensgefühl. »Die geburtenstarken Jahrgänge verbinden mit ihm Unbeschwertheit, Batik T-Shirts, Schlaghosen, Flokatis, Discokugeln und ganz besondere Autos«, schreibt die Creme21-Rallye auf ihrer Website. Mit Youngtimern, die zu Oldtimern geworden sind. Und sich jetzt mit dem Nachwuchs der 1990er weiterentwickeln möchten. Das braucht auch die vergleichbar alte »Youngtimer Trophy«, die sich zwar mehr dem Motorsport widmet, aber ebenfalls mit Autos aus den 1970/80ern unterwegs ist. Was für sich genommen schon wieder einen besonderen Charme hat, die aufgemotzten BMW E30 und VW Golf II zu

Die Creme21-Rallye hat vor 20 Jahren schon Youngtimern gehuldigt. Die sind jetzt ins Alter gekommen und eine Wachablösung ist nötig. Für die nächste Generation.

sehen. Motorsport? Tuning? Youngtimer? Von allem etwas. Aber auch da müssen in Zukunft vermehrt die E36er und Konkurrenten kommen, um dem Titel Youngtimer-Trophy noch gerecht zu werden.

Mehr Infos
www.creme21rallye.de
www.youngtimertrophy.de
www.beetle-sunshinetour.de
www.events.classic-portal.com
www.klassikstadt.de

Neoklassiker

76

Youngtimer von morgen

Neo-was? Die Kombination aus »neu« und Klassik beschreibt ein Auto, das viel zu jung und neuwertig ist, um als Young- oder gar Oldtimer zu gelten. Aber – es hat Klassiker-Gene in sich: Es ist selten, attraktiv und begehrenswert. Mit anderen Worten, man sieht ihm schon als Neuwagen an, dass es mal ein Klassiker sein wird. In der Regel ein Traumauto, bei dem Pflege und Service garantiert sind, egal wie viele Besitzer ihn die ersten 30 Jahre fahren werden. Ein Youngtimer von morgen, ein Klassiker der Zukunft – ein Neoklassiker.

Keiner hat die Neoklassiker früher erkannt als Karl-Ulrich Herrmann, Erfinder der Retro-Classics-Messen in Stuttgart und Nürnberg. Und er hat sich den Begriff schon vor zwei Jahrzehnten schützen lassen. Wie beim Youngtimer reden wir von Wagen mit Klassik-Appeal: Sportwagen wie ein BMW i8, Hubraum-Monster wie eine Dodge Viper oder Manufakturmodelle wie ein Wiesmann Roadster – das Besondere eben. Modelle, die wir längst in unserer virtuellen Kopfgarage geparkt haben. Und mit denen wir bis zu 20 Jahre modernen Fahrspaß haben können, bevor wir sie Youngtimer nennen werden.

Ein Jaguar F-Type (re.) ist inspiriert von seinem legendären Vorgänger E-Type. Ein Neoklassiker, der zum Young- und Oldtimer reifen kann.

Modern Classics

Gelegentlich wird auch der Begriff »Newtimer« verwendet, was Assoziationen mit Old- und Youngtimer weckt. Vor allem die Klassiker-Versicherung OCC in Lübeck bietet unter diesem Schlagwort Tarife für Fahrzeuge bis 20 Jahre an. Doch der Neoklassiker hat sprachlich die Nase vorn und führt zumindest in der englischen Sprachwelt auch nicht zu weiterer Verwirrung, da Old- und Youngtimer dort als Begriffe eher ungewohnt sind. Dort spricht man von »classic and modern cars«.

»Modern Classics« sind dort Youngtimer und Neoklassiker, eine Trennlinie existiert nicht. Und eine Übersetzung erübrigt sich. Wer Classic Cars kennt, weiß automatisch, was gemeint ist, nämlich schöne Autos außerhalb der Klassik-Perioden. Und sicher braucht man weder eine Gesetzesvorlage noch einen Klub, um seiner Leidenschaft für diese Modelle zu frönen. Schon jeder x-beliebige Porsche-, BMW- oder Audi-Klub ist im Herzen ein Verein für Neoklassiker. Und damit ein Hüter von Young- und Oldtimer in späteren Zeiten.

Mehr Infos

www.occ.eu

www.retro-classics.de

Youngtimer mieten

Zeitreise in die 1990er

77

Es ist einfacher, einen Old- als einen Youngtimer zu mieten. Was kurios ist, denn die Fahrzeuge der 90er sind viel einfacher in Wartung und Pflege und narrensicher in der Bedienung. Und eine Roadster-Flotte aus Mazda MX-5, BMW Z3 und Alfa Spider ist schon in der Anschaffung nicht teuer. Aber: Der Markt bewegt sich und bei Oldtimer-Vermietern gibt es auch mal Youngtimer wie zum Beispiel bei Otto Chrom. Es locken Mercedes 300 E, Audi Cabrio und BMW Z1. Oder sogar Exoten.

So hat beispielsweise die Firma Harzcruiser eine ganze Palette alter und neuer US Muscle Cars im Angebot: Mustang, Corvette, Camaro oder Dodge Charger in verschiedenen Altersklassen. Und wer es lieber europäisch mag, der gibt einfach »Sportwagen mieten« in der Internet-Suche ein und findet Anbieter alter, junger und neuer Sportgeräte – ergo Youngtimer, auch wenn sie nicht unter diesem Begriff geführt werden.

Vereinzelt bieten auch Museen Mietmodelle an, wie zum Beispiel der PS.Speicher in Einbeck. Dort stehen BMW Z3, Mercedes SLK und Fiat Barchetta zur Auswahl und kosten 300 Euro für ein Wochenende. Auch die Klassikabteilung von BMW in München vermietet ein paar ihrer Schätzchen auf Anfrage. Und es gibt Eventveranstalter wie die Stuttgarter Retro Promotions, die neben ihren Touren noch Old- und Youngtimer vermieten. Darunter moderne Klassiker wie Chrysler Crossfire, Mercedes SL und Porsche Boxster.

Youngtimer zum Mieten sind seltener als Oldtimer. Aber es gibt sie und gefühlt werden es sogar immer mehr …

Mehr Infos

www.bookaclassic.at
www.ottochrom.de
www.ps-speicher.de
www.retropromotion.de
www.thulke-classic.de
www.harzcruiser.de
www.bmwgroup-classic.com

78

Daily Driver

Fluch oder Segen?

Daily Driver sind zwar ein cooles Statement, aber im Oldtimeralter wird das zum Problem – denn rollende Kulturgüter sind keine Einkaufswagen.

Youngtimer der 1990er-Jahre sind alltagstauglich. Das waren Oldtimer zwar auch mal, aber da gibt es schon altersbedingt erhebliche Fahr- und Komfortunterschiede. Und da müssen wir nicht mal von Vorkriegsfahrzeugen sprechen. Während der Oldtimer im gesetzten Alter mehr geschont als gefahren werden muss, ist ein Youngtimer im milden Alter von 15 bis 20 Jahren immer Gebrauchs- und Sammlerfahrzeug zugleich. Da liegt es für viele Fahrer nahe, ihre Youngtimer tagtäglich zu nutzen – als sogenannten Daily Driver.

Der Charme liegt darin, höchst individuell unterwegs zu sein mit einem Fahrzeug aus den 1990ern, als die Technik noch überschaubar war, die Elektronik den Fahrbetrieb nicht komplett regelte und man noch der sogenannte Herr – oder die Frau – am Steuer war. Wenn der Youngtimer dann noch etwas zaubern kann, was das moderne Alltagsauto nicht bietet, also zum Beispiel das Verdeck öffnen oder eine sensationelle Kurvenlage, wird es zum beliebten Daily Driver. Das ist schön für den Fahrer, nicht automatisch für die Szene.

»In der politischen Arbeit ist das eine Katastrophe«, sagt Johann König von der ADAC Oldtimer-Sektion. Denn ADAC, FIVA, DEUVET und

Der Mercedes CL von 1999 ist im besten Youngtimer-Alter und absolut alltagstauglich. Fahren oder Pflegen ist jetzt die Frage …

andere Klassik-Verbände kämpfen beständig um den Sonderstatus von alten Autos als Kulturgut. Eine Lobbyarbeit, die ad absurdum geführt wird, wenn alte und junge Klassiker im Alltag genutzt werden und damit bei Klassiker-kritischen Gruppen der Eindruck entsteht, hier werden Sonderrechte beansprucht, obwohl die Autos wie Gebrauchtwagen genutzt werden: nix Kulturgut!

Deshalb haben FIVA und Co. festgelegt, dass Youngtimer üblicherweise nicht im Alltag, sondern vor allem in der Freizeit genutzt werden. Das soll den sammlungswürdigen Charakter der Fahrzeuge unterstreichen. Nun wird niemand etwas dagegen sagen, die notwendige Bewegungs-Ausfahrt für den Youngtimer mit einem Baumarktbesuch zu kombinieren – es geht ja auch ums Spritsparen. Und natürlich darf ein Youngtimer, der keinen gesetzlichen Sonderregeln wie die Oldtimer unterliegt, frei gefahren werden. Aber man darf sich Gedanken machen, wie man mit seinem Youngtimer auftritt. Ein Schätzchen sorgt für Entzücken, eine Rostlaube für Entsetzen. Daher sollte der Daily Driver nicht zu wörtlich genommen werden, damit das Kulturgut eine Chance hat, Kulturgut zu bleiben.

Mehr Infos
https://fiva.org
www.adac.de

Japans Champions

79

Die schönsten Youngtimer

Neben Supercars wie dem Honda NSX oder dem Subaru Impreza WRX STi gibt es einige japanische Klassiker aus den 1990er-Jahren, die ihren ganz eigenen Charakter haben. Und mit dem haben sie es geschafft, Youngtimer-Status zu erlangen. Nun kann darüber trefflich gestritten werden, ob ein Xedos 9 mehr oder weniger Status bietet als ein Suzuki Samurai. Lassen wir es darauf ankommen und schauen uns eine Handvoll Kultautos an, ohne das Thema abschließen oder andere Modelle ausschließen zu wollen. Einfach rein subjektiv.

Zu den unbestrittenen Kultmodellen gehört der Suzuki Samurai (1988–2004), der seine Karriere als LJ 80 begann und später SJ 410 genannt wurde. Ein kleiner Allradler, der bei jungen Leuten beliebt war und zur ersten Generation sogenannter Funcruiser gehörte, wie auch der Toyota RAV4 ab 1994. Ab 1988 hieß der Allrad-Suzuki dann Samurai, blieb optisch fast unverändert, wurde aber komfortabler. Erst nur Kult, heute auch Youngtimer.

Skurril mag der Mitsubishi L300 (1987–1999) in einer Youngtimer-Liste erscheinen. Ein Kleinbus mit Mittelmotor, der dem Bulli nicht ernsthaft Konkurrenz machen konnte, aber preislich attraktiv war, sich wie ein normaler Pkw fuhr und bei nur vier Meter Länge unglaublich viel Platz bot. Wäre er beim Crashtest nicht gnadenlos abgeschmiert, vielleicht gäbe es ihn immer noch.

Der Nissan Figaro sieht uralt aus, ist aber gerade erst vom Young- ins Oldtimeralter gerutscht.

Die »Susi« ist Kult, denn der kleine Allradler war damals einzigartig im Markt. Die diversen Modellreihen seit 1988 reichen vom Young- bis ins Oldtimeralter.

Ebenfalls in die Kategorie »ungewöhnlich« fällt der Nissan Figaro (1991), von dem nur 20 000 Stück gebaut wurden. Ein ganz früher Vertreter des Retro-Designs – der Figaro sieht aus wie ein Modell der 1950er-Jahre, ist aber technisch auf der Höhe der 1990er. Offiziell gab es nur Rechtslenker, einige wurden umgebaut. Ein witziges, seltenes Auto mit Klassiker-Qualität.

Beliebte Coupés und Roadster

Zwei Coupés gehören in jede japanische Youngtimer-Liste: Honda Civic R-Type und Toyota Celica. Beim Civic kommt nur die siebte Generation in Frage, die von 2001 bis 2005 gebaut wurde. Bei der Celica geht es um die beiden Baureihen T18/20 aus der Zeit von 1989 bis 1999. Zwei kleine Racer im GTI-Stil, die nach weniger aussehen, als sie können.

Roadster gehören selbstverständlich ebenfalls ins Youngtimer-Programm aus Nippon: Honda S2000 (1999–2009), Toyota MR2 (W2, 1989–1999) und Mazda MX-5 (NA, 1989–1998). Alle drei waren und sind eine Empfehlung. Wobei der Honda sicher das obere sportliche Ende markiert und der Mazda Bestseller, Musterknabe und Trendsetter zugleich ist. Kultfaktor: hoch – Youngtimer-Status: genauso hoch.

Mehr Infos

www.mx-5.de
www.igmr2.de
www.type-r-club.de
www.celica-community.de
www.figaroownersclub.com
https://s2000.club
www.mdocuk.co.uk
http://suzuki-offroad.net

Junge Messen

80

Wo geht die Post ab?

In Erfurt gab es 2018 eine explizite Youngtimer-Messe. Die Motorshow in Essen war das schon immer und noch viel mehr – eine Drivestyle-Veranstaltung beliebter Marken und Modelle.

Die erste Youngtimer-Messe, die sich explizit so nannte, war die »Youngtimer Expo« in Erfurt 2018. Der Messe-Claim dazu lautete »Neo. Kult. Klassik« und zielte auf ein jüngeres Publikum, das sich und seine Fahrzeugvorlieben auf Oldtimermessen nicht berücksichtigt fühlte. Letztlich hatte die hinter dem Konzept stehende Mediengruppe Thüringen einen Markttrend erkannt, der in der Classic Studie 2020 von BBE Automotive und bei Classic Trader bestätigt wurde – die Nachfrage für Fahrzeuge der 1990er-Jahre und jünger.

Die Erfurter Premiere 2018 für Autos aus den letzten 30 Jahren hatte mit AMG-Night, Drift-Show und Messeparty einiges zu bieten. Denn klar war – hier wurde nicht in der Historie gewühlt, sondern die Emotion »Auto« mit Tuning und Motorsport gelebt. Leider gab es im Zuge der Landtagswahl 2019 dann keine Fortsetzung und 2020 verhinderte Corona eine Neuauflage. Auch das Debüt der ähnlich aufgebauten »Performance & Style Days« in Hannover musste von 2020 auf 2022 verschoben werden. Zeigt aber, dass man nicht nur in Erfurt das Potenzial dieser Zielgruppe entdeckt hat.

Youngtimern gehört die Zukunft

Was in Hannover und Erfurt explizit gewünscht ist, findet auf den Tuning-Messen wie »Essen Motor Show« oder »Tuning World Bodensee« schon lange statt. Denn dort wird alles verschönert und gefeiert, was nicht mehr ganz neu, aber eben meistens kein Oldtimer ist – Youngtimer eben. Und auch wenn es einige Originalitäts-Fans nicht hören wollen: Dort werden aus Alltagsautos oft mit erheblichem Aufwand exklusive Sammlerfahrzeuge.

Etwas dichter am originalen Blech bleiben die Youngtimer-Abteilungen auf den traditionellen Oldtimermessen wie »Techno Classic« in Essen oder »Retro Classics« in Stuttgart, um nur die größten zu nennen. Letztere nennt sich seit einigen Jahren »Messe für Fahrkultur« und signalisiert damit ebenfalls Offenheit für Youngtimer, die schon eine Rolle spielten, als die Retro Classics noch als Oldtimermesse firmierte. Es ist jeweils nur eine andere Blickrichtung auf das gleiche Thema, denn alle wissen – Youngtimern gehört die Zukunft. Als Oldtimer.

Mehr Infos

www.psdays.de
www.siha.de
www.facebook.com/youngtimer.expo
www.retro-classics.de
https://essen-motorshow.de
www.tuningworldbodensee.de

Wenn die Luft brennt, muss es nicht immer ein Supersportwagen sein – es reicht auch zeitgenössisches Tuning bei einem Youngtimer.

SUV

81

Trend ohne Youngtimer?

Sind SUV wirklich Youngtimer-tauglich? Zumindest beim Toyota RAV4 darf man zweifeln.

Beim Thema SUV scheiden sich die Geister. Zwar hat dieses Fahrzeugsegment in den vergangenen zwei Jahrzehnten mehr Zuwächse als alle anderen zusammen. Doch von Sex-Appeal kann man kaum sprechen, denkt man an die klobigen, hochbeinigen Möchtegern-Allradler, die jede Umweltdebatte in der Stadt eskalieren lassen können. Können das Youngtimer werden?

Die neuen Modelle sicher nicht und da reicht schon die Altersgrenze, um sie von den Youngtimern vorerst auszuschließen. Der große Trend begann nach 2000, die Modellvielfalt noch mal zehn Jahre später. Die Diskussion bleibt uns also noch erspart und wird erst in zehn Jahren relevant. Ob sie dann aber Brisanz entwickelt, wollen wir gerne bezweifeln.

Fakt ist, es gibt natürlich alte Vertreter der Gattung SUV. Man denke an den Range Rover, der seit 1970 über die Luxus-Straßen dieser Welt rollt. Auch er mit typischen Youngtimer-Eigenschaften wie Emotion, kleine Stückzahl, starke Motoren, attraktives Design. Da wäre also der erste Kandidat schon gefunden, oder? Da es ihn seit mehr als 50 Jahren gibt, verkörpern die verschiedenen Generationen alle Klassifizierungen – es gibt ihn als Neuwagen, Neoklassiker, Oldtimer und – keine Frage – auch als Youngtimer.

Es kommt auf den Kultfaktor an

Doch wie steht es mit der jungen Generation, für die symbolisch der Toyota RAV4 steht, der als kleines Spaßmobil ab 1994 für Begeisterung sorgte? Ein Youngtimer? Definitiv damals ein Trend-Auto, heute nur eins von vielen SUV. Kultfaktor? Gering. Szene? Kaum. Kein Youngtimer. Gleiches gilt für den ähnlich alten Suzuki Vitara. Was beweist: Ein Kauftrend muss nicht automatisch zum Youngtimer führen. Es braucht schon etwas mehr.

Neben dem Alter zum Beispiel eine verfestigte Fangemeinde und einen Kultfaktor als Modell. Das sind die besten Voraussetzungen, um als Youngtimer in ein zweites Leben als angehender Klassiker zu rutschen. Fehlt es daran, bleibt nur das Vergessen auf den Schrottplätzen dieser Welt. Das SUV ist trendy, aber nicht zwingend kultig. Und je mehr es zur Massenware verkommen ist, umso weniger Coolness bleibt. Seien wir mutig und stellen hier und jetzt fest: Ein SUV wird meist kein Youngtimer. Höchstens dem Alter nach.

Der Range Rover verkörperte immer einen gewissen Stil. Das hebt ihn aus der SUV-Masse heraus. Da kann es auch zum Youngtimer reichen.

Social Media

82

Digitales Kollektiv

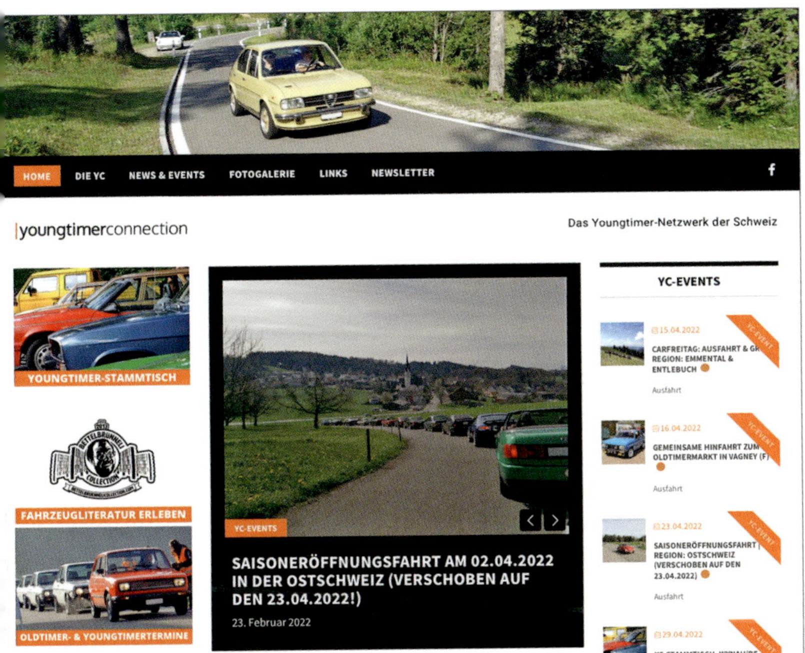

Die moderne Youngtimer-Szene passt altersmäßig perfekt zu Social Media – was früher in den Clubs gelebt wurde, steht heute im Internet.

Der Youngtimer-Freund von heute braucht keinen Klub, er hat das Internet. Vor 20 Jahren sah das anders aus. Wer da Gleichgesinnte suchte, Kauftipps brauchte oder Ersatzteile suchte, der musste sich organisieren. Und die Klub-Regeln mitspielen, als da sind Sitzungen, Wahlen, Abrechnungen. Der Klub war eine Gemeinschaft mit allen Vor- und Nachteilen.

Das Internet bietet viele Funktionen, die früher nur der Klub leisten konnte. Youngtimer-Liebhaber können deshalb heute völlig unorganisiert sein. Was nicht bedeutet, dass sie keine Gemeinschaft wünschen. Aber unverbindlich, spontan, zwanglos. Und das bieten die Social-

Media-Kanäle. Je nach Alter Facebook, Pinterest oder Instagram. Oder aber eines der vielen Foren, in denen wie am Schwarzen Brett Angebote und Anfragen das Publikum erreichen.

Allerdings funktioniert nicht alles wie von selbst, bloß weil es digital gestartet wird. Wird der Webmaster zum Einzelkämpfer, ist der Youngtimer-Kanal schnell tot. So ist der youngtimerblog.de mittlerweile nur noch eine Sprungschanze für ein Krimi-Portal. Und der Sterne-Blog für Mercedes-Youngtimer endet beim W 124, was wohl bedeuten soll, dass er sich entweder überlebt hat oder keine 20-jährigen Youngtimer betreuen will. Und selbst der neue YouTube-Kanal »Garagengold« will zwar Old- und Youngtimer betreuen, hat aber aktuell nur altes Blech im Video.

Buntes Feld aus Fans und Tunern

Frisch, frech, fröhlich, frei geht es dafür bei instagram.com/youngtimer zu mit mehr als 11 000 Abonnenten. Und wirklich jungen Fahrzeugen. Auch auf Pinterest tummeln sich zahlreiche Youngtimer-Fans, die es nicht so genau mit den Abgrenzungen nehmen, da ist vom Oldie bis zum Neoklassiker alles dabei. Da muss man sich das richtige Forum suchen.

Und bei Facebook gibt es nicht nur eine – markenoffene – Old- und Youngtimer-Gruppe, sondern auch den »YoungtimerBlog« und die »Youngtimer Welt«, die nicht mehr am Kiosk erscheint, aber hier lebt und in die Tuning-Szene führt. Und die Youngtimer-Connection sagt es treffend: »Kein Klub, keine Mitgliederbeiträge. Markenoffene Organisation, für alle, die einen Youngtimer ihr Eigen nennen. Der Erfahrungsaustausch und Ausfahrten stehen im Vordergrund.« Es gibt also genug Möglichkeiten, in eine Szene einzutauchen, die sich digital entwickelt hat. Das nennt man wohl Generationenwechsel.

Mehr Infos

www.oldtimer-foren.de
https://sterne-blog.de
https://italo-youngtimer.de
www.motor-talk.de
www.autoplenum.de
www.youngtimer-connection.ch
www.youtube.com

Räder

83

Stilecht rollen

Neue Räder beim Oldtimer sind kein einfaches Thema. Bei Youngtimern lässt sich mehr und schneller umrüsten – auch wenn der Prüfer einen Blick drauf werfen muss.

Das Rad ist ein enger Freund des Tunings. Und damit zugleich von vielen Youngtimer-Fans, die eine emotionale Nähe zu Accessoires haben, die das Auto verschönern sollen. Eine große Rolle spielen dabei Original- und Zubehörfelgen – das sogenannte Schuhwerk des Autos sorgt nicht selten für einen gelungenen Auftritt des Fahrzeugs.

Felgen sind ein Milliardenmarkt. Nicht nur die Fahrzeughersteller bieten eine Palette von Felgendesigns an, mit denen sie gutes Geld verdienen. Auch der Fachhandel hält reichlich Modelle bereit, um spätestens beim Kauf eines zweiten Radsatzes für Sommer oder Winter mitzumischen. Und die spielen bei Youngtimer-Modellen noch eine Rolle.

Nun gibt es drei Gründe für den Kauf neuer Felgen: 1. Die alten Felgen sind zu stark beschädigt und nicht mehr reparabel. 2. Es soll ein alternativer Radsatz her, um die Originale zu schonen (Winter) oder um das Gesamtdesign des Fahrzeugs zu verbessern. Und 3. die Originalfelgen sind nicht sportlich genug und werden durch Räder ersetzt, mit denen sich das Potenzial des Fahrzeugs besser nutzen lässt, zum Beispiel auf der Rennstrecke.

Empfehlenswert sind immer zeitgenössische Felgen, die zum Fahrzeug passen. Teilweise werden solche Felgen wieder nachgefertigt, teilweise gibt es Retro-Designs, die den Originalen nachempfunden sind. Neu muss aber nicht immer sein: Alufelgen lassen sich heute oft reparieren oder aufbereiten, solange sie nicht strukturell beschädigt sind.

Die Möglichkeiten zur Individualisierung sind bei Youngtimern vielfältig und besonders die Rad-Szene bietet eine große Spielwiese.

Grundsätzlich lassen sich allerdings auch moderne Räder am Youngtimer montieren, die für das Fahrzeug zulassungsfähig sind. Eine Beschränkung wie beim Oldtimer gibt es nicht: Bei denen kann das H-Kennzeichen nicht erteilt werden, wenn es sich um keine originalen oder zeitgenössischen Räder handelt. Beim Youngtimer sind Größe und Design allein eine Frage des Geschmacks – und des Geldbeutels.

Besonders beliebt sind klassische Designs wie die Kreuzspeiche von BBS oder das Flügelrad, bekannt als Fuchs-Felge. Ein Wechsel auf andere Größen und Reifen verlangt aber nach einer Freigabe (ABE) oder muss vom TÜV abgenommen und im Fahrzeugschein eingetragen werden. Und wer bei den Felgen nicht spart, sollte dies auch nicht bei der Reifenwahl tun.

Mehr Infos
www.felgenshop.de
www.aluklinik.de
www.oldtimer-reifen.com

84

Auktionen

Hammer für Youngtimer

Versteigerungen für Youngtimer gibt es schon lange. Aber natürlich nicht für Mazda MX-5 und Co., sondern für Edelmodelle wie Ferrari F40 und Bugatti EB 110 aus den 1990er-Jahren. Den Umsätzen mit diesen Hochkarätern haben sich RM Sotheby's, Bonhams und Artcurial nie verschlossen. Klassiker und Sport- oder Supersportwagen, das war schon immer ein eng verzahntes Business. In den letzten Monaten kamen Corona-bedingt viele neue Online-Auktionshäuser hinzu, die sich der kleinen Preisklassen annehmen – auch den Youngtimern.

Ob auf dem Computer oder dem Laptop, Tablet oder Smartphone, mitbieten kann man auf vielfältige Art und Weise. Meist werden die Fahrzeuge ausreichend dokumentiert, wem das zu unsicher ist, der kann einen Gutachter vor Ort beauftragen. Die Registrierung ist in der Regel kostenlos, schließlich wollen die Plattformen möglichst viele Bieter ins Netz holen, um zahlreiche Kaufangebote zu erhalten. Das gilt genauso für die traditionellen Auktionshäuser, die ebenfalls schon lange online unterwegs sind.

Die Auktionsszene hat in den vergangenen 24 Monaten einen unglaublichen Aufschwung genommen. Das hat das Youngtimer-Angebot deutlich vergrößert.

Der Hammer fällt heute meistens virtuell – bei renommierten Auktionen wird aber live geboten, wenn es um Youngtimer im sechsstelligen Bereich geht.

Lange Zeit galt Deutschland als nicht besonders Auktions-freundlich. Selbst auf den großen Old- und Youngtimer-Messen gab es oft keine Auktionen. Das hat sich mittlerweile geändert. Mit Live-Auktionen bei Messen werden Vorurteile abgebaut, weil man die Autos dort vorab begutachten kann, auch wenn Probefahrten noch ausgeschlossen sind. Auf diese Weise sind zusätzliche Kanäle für den Youngtimer-Kauf entstanden, die den Markt beleben.

Mehr Infos

https://rmsothebys.com
www.bonhams.com
www.artcurial.com
https://coolekarren.com
www.catawiki.de
https://de.getyourclassic.com
https://collectingcars.com
www.oldtimergalerie.ch
www.kickdown.com
https://bidaclassics.com
https://mynextclassic.net

Kürzel der Kraft

85

AMG und Co.

Wer erinnert sich noch an die alte Werbung mit dem »Auto von der Stange«? Treffen sich zwei Mercedes-Fahrer, und der eine tönt, er bräuchte was Individuelles und kein Serienmodell. Der andere nickt immer nur und steigt am Ende in einen AMG-Mercedes, ein Auto von der Stange, wie er schmunzelnd sagt, bevor er davonrauscht. Der 190 E 3.2 AMG war 1992 das erste veredelte Serienmodell, das man bei Mercedes direkt bestellen konnte.

In den 1990ern begriffen die Hersteller, dass ihnen ein Teil des lukrativen Geschäfts verloren ging, das bei den Tunern zu vollen Kassen führte. Und reagierten mit leistungsstarken und besser ausgestatteten Serienmodellen. Audi zog mit der quattro GmbH (heute Audi Sport GmbH) nach und lancierte 1996 den S6, nachdem der RS2 Anfang der 1990er noch bei Porsche montiert worden war.

Schon in den 1970er-Jahren hatte BMW seine Motorsport-Abteilung »M« mit der Leistungssteigerung von Serienmodellen betraut. Nach BMW M5 und M635 CSi folgte 1986 der M3, zuerst als E30 und dann in den 1990ern im E36. Ob M, quattro oder AMG – die Kürzel sorgten seinerzeit für einige stramme Youngtimer. Und für eine neue Fangemeinde, die bis heute diese Modelle fährt und feiert.

Obwohl Audi 100, 3er-BMW und Mercedes 190er für sich schon Youngtimer-Status haben, steht eines der Kürzel am Heck, ist das die Kirsche auf der Sahne. Diese außergewöhnlichen Modelle hatten blitzschnell ihren Kultstatus und damit ihren Wert, weil sie etwas ganz Besonderes sind. Drivestyle vom Feinsten. Und womit? Mit Recht.

Steht am alten Serienmodell ein leistungsversprechendes Kürzel wie AMG oder M so gibt es Fahrspaß, Drivestyle und Youngtimer-Bonus in einem.

Mehr Infos
www.mercedes-amg.de
www.bmw-m.com
www.audi.de

Rost

86

Ist das noch ein Thema?

Bis in die 1970er-Jahre rosteten Autos. Heftig. Feuchtigkeit, Salz auf der Straße im Winter und ungeschützte Blechteile rundum – ein Biotop für die braune Pest. Erst mit der Verzinkung, Wachs in den Hohlräumen und mehr Unterbodenschutz wurde es ab den 1980ern besser mit der Rostvorsorge, Youngtimer der 1990er gelten bereits als gut geschützt.

Trotzdem blieben Problemzonen wie die Wagenheberaufnahmen bei Mercedes-Modellen. Oder eine mangelhafte Stahlqualität wie bei Alfa und Fiat und einigen VW-Jahrgängen. Selbst Klassiker, die als besonders stabil gelten, wie der Mercedes 190, der Audi 80 und der Saab 900 i, rosten im Alter vor sich hin. Es ist der Zahn der Zeit. Schuld sind immer Verletzungen an den Deck- und Schutzschichten wie Lack, Zink und Unterbodenschutz.

Auch Kontaktkorrosion zwischen Aluminium und Stahl wie beim Land Rover kann es geben. Und heikel sind immer alle Schnittkanten am Blech, ob ab Werk oder beim Bohren eines Antennenfußes. Hier muss nachträglich versiegelt werden. Deshalb gehört die Lackpflege zur ersten Rostvorsorge. Ist diese Rostschutzschicht angegriffen, können Sauerstoff und Wasser ihr grausames Werk beginnen. Immer und überall.

Nicht mal die Vollverzinkung wie bei Porsche 911 und VW Golf IV bedeutet Absolution. Denn die Durchrostungs-Garantie galt damals nur für 12 Jahre und die sind lange vorbei. Und Zink korrodiert in einem elektrochemischen Prozess von Sauerstoff und Feuchtigkeit auf Stahl. Das bedeutet sinnbildlich, erst wird das Zink und dann der Stahl vom Gilb gefressen. Daher muss auch ein verzinktes Blech äußerlich intakt sein, damit es seinen Rostschutz behält.

Youngtimer der 1990er rosten zwar nicht mehr so schlimm wie ehemalige der 1970er, doch Rostvorsorge ist auch heute noch nötig.

Einmal im Jahr sollte der Youngtimer umfassend geprüft und dort ausgebessert werden, wo es Angriffsflächen für Rost geben kann. Unter Umständen in eine Hohlraumversiegelung investieren. Bestes Beispiel: Der VW Golf II war ab Werk mit so viel Wachs vollgepumpt, dass es an heißen Sommertagen noch nach Jahren aus der Karosserie suppte – aber er rostete im Gegensatz zum Golf I nicht. Was bewies: Rostvorsorge funktioniert.

Mehr Infos
www.automobil-industrie.vogel.de
https://rostschutzklinik.de
www.rostschutz-forum.de

87 Die schönsten Youngtimer aus Wolfsburg

Charisma war ihm nie abzusprechen, dem Ferdinand Piëch, Enkel von Ferdinand Porsche und ab 1993 Chef von Volkswagen. Und so erlebte die AG eine stürmische Zeit des Umbruchs, nachdem sie zuvor schwere Verluste erwirtschaftet hatte. Doch bessere Qualität und neue Modelle brauchten ihre Zeit und so bleiben im Youngtimer-Blick nur zwei Modelle der 1990er-Jahre, die auf Piëch zurückgehen: der Lupo und der New Beetle.

Nun ist der Kleinwagen Lupo nicht gerade ein Meilenstein, doch ein Modell verdient Aufmerksamkeit: Der sogenannte 3-Liter-Lupo von 1999, der mit 2,99 Litern Benzin auf 100 Kilometern gefahren werden konnte. Oder sollte. Ein technisches Kabinettstückchen aus Aluminium und Magnesium, bei dem die Kosten nicht über den Verkaufspreis gedeckt werden konnten. Der Lupo 3L TDI ist insofern ein Youngtimer-Schmankerl, das man sich anschauen sollte. Wer keinen findet, kann es mit dem Lupo GTI versuchen.

Der New Beetle ab 1997 fällt dafür in die Kategorie der frühen Retro-Designs, die mit Mini und Fiat 500 ihre Fortsetzung fanden. Von der Form ein moderner Käfer auf Golf-Basis, nicht unbedingt praktisch, aber vom Design ein Hingucker, der viele Fans fand. Und das ist dann schon das untrügliche Zeichen, dass ein Modell zum Youngtimer reift, bevor es einer ist.

Tuning ab Werk

Ein paar Modelle aus der Vor-Piëch-Ära verdienen hier aber ebenfalls eine Erwähnung, da sie als Youngtimer bereits beliebt sind oder zunehmend beliebter werden. Dazu gehören alle G-Lader-Modelle, von denen in den 1990ern immerhin noch Polo II (1987–1994), Passat III (1989–1993) und Corrado (1988–1993) vom Band liefen. Der Golf II lief 1991 aus und ist insofern mit 30 Jahren ins Oldtimeralter gerutscht. Aber der Spirallader unter der Haube sorgte für viel Fahrspaß und war Tuning ab Werk – und Youngtimer-relevant.

Abgelöst wurde die Technik von den VR6-Motoren, mit denen Golf III (1991–1997), Passat III (1991–1993) und Corrado (1991–1995) ausgerüstet wurden. Und in ihren Klassen mit viel Power den Markt aufmischen konnten. Ein bisschen die GTI-Geschichte 20 Jahre später nochmal erzählt. Hat aber funktioniert und diese Modelle sind heute noch attraktiv, wenn man ein Auge für die Schwachstellen der Motoren hat.

Der VW Corrado gehörte zu den exotischeren Modellen im VW-Programm. Das Coupé war zwar wirtschaftlich ein Flop, doch die Fanszene ist dafür um so stärker.

Angesichts dieser Kraftpakete tat sich die dritte GTI-Generation des Golf schwer, zumal sie kaum mehr PS als die Ur-Version hatte. Der Tiefpunkt als Ausstattungsversion wurde dann mit dem Golf IV erreicht. Schwamm drüber. GTI geht zwar immer, aber einen Youngtimer-Hype vergleichbar dem der Ur-Version konnten Golf III und IV bisher nicht entfachen.

Der Vollständigkeit halber seien noch VW Golf Country und Scirocco II erwähnt, die wie der Golf II an der Schwelle zum Oldtimer stehen und als Youngtimer kaum noch in Betracht kommen. Dass der VW Bus auch in der T4-Generation immer beliebt war, muss dagegen kaum erwähnt werden. Bei ihm kommt das Youngtimer-Alter – unausweichlich.

Mehr Infos
https://beetle-sunshinetour.de
https://corrado.xyz
www.volkswagen.de
https://lupoclub.de

Kaufen, aber wann?

88 Zwischen 15 und 25 Jahren

Für einen Youngtimer-Kauf gibt es zwei gute Zeitpunkte: 1. Als älteren Gebrauchtwagen mit 15 Jahren. Oder 2. als fortgeschrittenen Youngtimer mit mindestens 20 Jahren. Wenn man sich frühzeitig entscheidet, gibt es sogar Nummer 3: als jungen Gebrauchtwagen nach dem ersten TÜV. Dann ist der Wertverlust am größten, der Verschleiß aber noch am niedrigsten. Nachteil: Zu diesem Zeitpunkt ist das Youngtimer-Alter noch weit weg.

Entscheidet man sich für die anderen Zeitpunkte, gilt das kritische Auto-Alter von 23 Jahren – dann registriert die GTÜ die meisten Mängel: Jüngere Autos sind günstiger, aber meist muss mehr in Wartung und Pflege

investiert werden. Ältere sind teurer, denn in sie wurde bereits wieder Geld gesteckt oder sie befinden sich noch in einem guten Zustand.

Spätestens nach 25 Jahren ziehen die Preise an

Was besser oder schlechter ist, lässt sich nicht pauschal sagen. Aber je früher man das Auto kauft und mit Wartung und Pflege anfängt, um so solider fährt das Auto in die nächsten Jahre. Kauft man ein runtergerocktes Fahrzeug, ist der Aufwand meist unverhältnismäßig höher. Und der Ankaufpreis ist nicht soooo viel günstiger als ein paar Jahre früher. Deshalb lieber in Qualität investieren, egal in welchem Alter.

Die alte Faustregel sagt bei Fahrzeugen jenseits der 10- bis 12-Jahres-Grenze, dass sie pro Jahr TÜV noch 1000 Euro wert sind. Das ist eine Daumenregel und gilt für alle profanen Brot-und-Butter-Autos wie einen alten VW Polo oder Honda Civic. Für Premium-Modelle wie Mercedes und BMW wird schon ein Zuschlag fällig. Aber ob 16 oder 18 Jahre, spielt im Wert keine große Rolle, da ist es mehr die Laufleistung, die über den Preis entscheidet.

Ungefähr im Alter von rund 20 Jahren wird meist die Talsohle des Fahrzeugwerts erreicht. Sprich, dann sind die Preise im Keller, von sehr exklusiven und gesuchten Exemplaren mal abgesehen. Als Gebrauchtwagen sind sie zu alt, als Oldtimer zu jung. Spätestens nach 25 Jahren ziehen die Preise dann unweigerlich an: Fahrzeuge, die dann am Markt sind, haben eine bessere Qualität, sie werden wieder mehr gesucht. Das attraktivste Kauf-Zeitfenster liegt also irgendwo zwischen 15 bis 25 Jahren. Wann genau? Wenn die ersten Klassik-Zeitschriften die Preistipps geben, weiß man – man ist zu spät.

Gute Pflege rettet alle Autos. Doch die wird nach 12 Auto-Lebensjahren selten. Passable Technik zum günstigsten Preis gibt es zwischen 15 und 25 Jahren.

Fahrtraining

So kommt der Youngtimer in Schwung

89

Zwar sind Youngtimer-Besitzer meist keine Auto-Rookies, aber ein bisschen mehr Fahrkenntnis kann nie schaden. Deshalb empfiehlt sich immer – und besonders nach der Neuanschaffung eines Youngtimers – ein Fahrtraining, um die Grenzen des Machbaren auszuloten. Männer nähern sich diesem Grenzbereich meist von oben an, sprich erst mal geht's in die Kartoffeln. Frauen müssen dafür erst mal Mut zum Schwung gewinnen und nähern sich folglich dem Grenzbereich von unten.

Ein Klassik-Fahrtraining wie von der Belmot sorgt für Verständnis und neue Enthusiasten beim alten Blech.

Beides ist nicht falsch, wenn am Ende alle Spaß hatten und wissen, wie ein Youngtimer reagiert, der meist noch nicht ABS und ESP an Bord hat. Anfangen kann man immer mit einem Basiskurs vom ADAC, aber auch Auto-Magazine, Versicherungen, Auto- und Reifenhersteller bieten solche Kurse an.

Dafür gibt es extra Strecken in sogenannten Fahrsicherheitszentren. Wer dann Lust auf mehr bekommen hat, kann sich zum Sportfahrerkurs anmelden, der auf einer Rennstrecke wie der Nordschleife oder dem Salzburgring stattfindet. Und mit einer Sportfahrerlizenz für den DMSB den Einstieg in den organisierten Motorsport bedeutet. Nur damit ist zum Beispiel die Teilnahme an der Youngtimer Trophy möglich. Dann wird es ernst mit dem großen Spaß.

Mehr Infos
www.fsz-koblenz.de
www.fszn.de
www.oldtimertrackdays.de
https://experience.porsche.com
www.dmsb.de
www.youngtimertrophy.de

Mercedes-Benz

90

Die schönsten Youngtimer aus Stuttgart

Verglichen mit dem heutigen Pkw-Programm war Mercedes in den 1990er-Jahren bescheiden unterwegs. Erst in den 1980ern war mit dem Baby-Benz 190 (W 201) Bewegung in die Modellpolitik gekommen. Und die kleine Nachwuchs-Limousine öffnete tatsächlich den Massenmarkt für die Marke mit dem Stern. Freilich um den Preis der Qualität, denkt man an die erste A-Klasse (ab 1997) und das erste SUV ML (ab 1998).

Beide sind daher als Youngtimer keine wirkliche Empfehlung und viel zu wenig speziell, als dass sie emotionale Begeisterung auslösen könnten. Die verbucht dafür nach wie vor der 190er, der von 1982 bis 1993 gebaut wurdc. Während die ersten Exemplare bereits ins Oldtimeralter gerutscht sind, liegen die letzten Baujahre noch im Youngtimer-Bereich. Die hohe Stückzahl und Beliebtheit sichern ihm seit Jahren einen Platz unter den Top Ten-Oldtimern in Deutschland. Da ist der Youngtimer-Status quasi gesetzt, was man von der nachfolgenden C-Klasse aus den 1990ern nicht sagen kann.

Mercedes lebt von seiner Historie und seinem Renommee. Deshalb finden sich auf Klassiker-Messen oft alte und neue Modelle Seite an Seite.

Legendäre Mittel und Oberklasse

Für Begeisterung sorgt nach wie vor die Mittelklasse, der W 124, aber 1993 als erste E-Klasse bekannt geworden. Und wer mal die Türen auf- und zugemacht hat, wird verstehen, warum hier noch von der alten Tresor-Qualität gesprochen wird. Ob Limousine (W 124), Kombi (S 124) oder – besonders begehrt – Cabrio (C 124) und Coupé (A 124) – die E-Klasse ist eine Bank im Old- wie Youngtimer-Alter. Und ein 500 E/E 500 made by Porsche mit einem Achtzylinder unter der Haube ist ein besonderes Leckerchen.

Obwohl die S-Klasse (1991–1998), der W 140, damals als »Panzer« verschrien war, macht ihn das im Alter zur massiven Burg. Wem die Limousine zu bieder ist, der nimmt das Coupé C 140. Allerdings kann sich die Ersatzteillage hier gefährlich entwickeln und dann wird es richtig teuer. Das kann auch beim SL passieren, der als Baureihe R 129 (1989–2002) in den 1990ern herumfuhr. Doch hier sind die Liebhaberei und die Anstrengungen zum Werterhalt und zur Fahrbereitschaft größer: SL sind immer Youngtimer der Extraklasse, keine Frage.

Mehr Infos
www.mercedes-benz.de
https://ticker.mercedes-benz-passion.com

Ein SL ist ein SL – ob als Old- oder Youngtimer, das ist eine Klasse für sich. Und so sind SL aller Jahrgänge immer beliebt.

Youngtimer-Kombis

91

Power für den Familienausflug

Kombis haben meist einen eigenen Charme wie dieser Alfa 156. In der sportlichen GTA-Version ein Leckerbissen für Youngtimer-Fans.

Was die Sportlimousinen der 60er- und 70er-Jahre für Familienväter waren, wurden in den 1990ern die Kombis – potente Spaßgeräte, bei denen die PS-Leistung über dem Nutzwert stand – Letzterer aber die Rechtfertigung für die Anschaffung war. Bevor das Zeitalter der SUV anbrach, wurden die früher geschmähten »Handwerker-Kombis« erste Wahl für Familien. Und für Handlungsreisende, bei denen der Aufpreis über die Leasingrate kaum ins Gewicht fiel.

Den Auftakt lieferte Audi mit seinem Avant RS2 – der erste Hochleistungs-Kombi entstand ab 1994 aus einer Kooperation zwischen Porsche und Audi. Nur 2891 Stück wurden gebaut, der Stückpreis betrug knapp 100 000 Euro. Ein fast normaler Audi 80 Avant mit Porsche-Zutaten, Allrad und einem 315 PS starken Fünfzylinder – Zutaten, die den RS2 aus dem Stand mit Youngtimer-Potenzial ausstatteten.

Der Erfolg in Ingolstadt zog die Mitbewerber wie die Motten das Licht an. Mercedes ließ ab 1997 seine E-Klasse als E 55 AMG T-Modell vom Band – mit einem 5,4-Liter-V8 unter der Haube, der 354 PS mobilisierte. BMW hatte zwar mit dem M5 der Baureihe E34 bereits 1992 vorgelegt, doch die geringe Nachfrage führte zu keiner Fortsetzung des Projekts.

Eine Nummer kleiner bot Alfa seine erfolgreiche Mittelklasse 156 ab 2002 als GTA-Version an: Ein 3,2-Liter-Sechszylinder lieferte 250 PS, die für satte 250 km/h gut waren. Die Krönung lieferte der MG ZT-Tourer auf Basis des Rover 75. In der Serienversion 260 von einem Ford Mustang-V8 mit 260 PS befeuert, gab es als Prototypen den X15 mit 765 PS, der 2003 zum schnellsten Kombi der Welt wurde: Bei der Bonneville Speed Week erreichte er 360 km/h.

Mehr Infos

www.alfaclub.de
www.amg-owners-club.org
www.bmw-m.com
www.the75andztclub.co.uk
www.audi-rs-club.de

Youngtimer-Museen

Ja wo stehen sie denn?

92

Trotz eifrigen Suchens – ein explizites Youngtimer-Museum gibt es nicht. Zwar spuckt die allgegenwärtige Suchmaschine Google bei dem Stichwort eine Reihe von Museen aus. Und es sind auch reichlich Museen in Deutschland vorhanden, von denen sich einige wie in Wolfegg oder Dortmund sogar »Old- und Youngtimer-Museum« nennen. Doch schaut man sich die Ausstellungsstücke an, handelt es sich fast nur um Oldtimer.

Mit etwas Glück kann man in den Hersteller-Sammlungen von Mercedes, Porsche, BMW und Audi ein paar jüngere Modelle entdecken. Manchmal als Teil einer Sonderausstellung. Aber im Grunde finden Youngtimer museal nicht statt. Man möchte fast sagen, kein Wunder – es sind ja eben keine Oldtimer, die ins Museum gehören, sondern auf die Straße.

Ein reines Youngtimer-Museum gibt es nicht. Aber solche Modelle stecken oft genauso in Oldtimer-Sammlungen wie dem Technikmuseum in Sinsheim.

Am ehesten sind es noch private, lebendige Sammlungen wie die vom Technikmuseum Sinsheim Speyer, in denen die Fahrzeugauswahl regelmäßig wechselt und in denen auch jüngere Fahrzeuge zum Inventar gehören. Schon allein, um dem Nachwuchs etwas zu bieten. Ebenfalls den Blick nach vorn richten die japanischen Museumssammlungen, die aus privater Initiative entstanden, also das Mazda-Museum in Augsburg oder die Toyota Collection in Köln und das Mitsubishi Museum in Rettenberg.

Mehr Infos

www.automuseum-wolfegg.de
www.oldtimermuseum-hoeing.de
www.toyota-collection.de
www.mazda-classic-frey.de
www.mitsubishi-museum.com

Hubraum

93

Es gibt nichts Besseres!

Hubraum kann man durch nichts ersetzen – außer durch noch mehr Hubraum. Der US-Slogan galt noch in den 1990ern, als Turbo und Co. kaum ein Thema waren. Der sogenannte »Bumms« beim Porsche 911 Turbo war sogar eher gefürchtet. Hubraum für Drehmoment, das war die magische Formel. Die erst mit den aufgeladenen Dieselmotoren ins Wanken geriet – und für Erstaunen sorgte, als beispielsweise der VW Golf III TDI ab 1993 mit druckvollem Antritt und Fabel-Verbräuchen von sich reden machte.

Turbolader und Hybride beherrschen heute die Motorenszene. Für die aktuelle Youngtimer-Generation 20+ gilt das alte Motto »Hubraum ist durch nichts zu ersetzen«.

Doch die Youngtimer der 1990er sind meistens noch von altem Schrot und Korn und glänzen mit Sechs- und Achtzylindern, die freilich in den kleinen Klassen wenig Verbreitung fanden. Andererseits machte auch ein kleiner Vierzylinder-Mazda MX-5 seine Sache gut und beweist bis heute, dass Fahrspaß nicht unabdingbar eine Frage des Hubraums sein muss. Auch nicht des Sounds, selbst wenn er für eine Gänsehaut im Ohr sorgen darf. Man denke nur an die Dodge/Chrysler Viper mit Acht-Liter-Zehnzylinder, mehr gab es damals nicht auf der Straße.

Doch der traditionelle Reihensechser in zahlreichen beliebten BMW-Modellen der Neunziger ist auch schon eine feine Sache. Vom seidenweichen Lauf wurde schon immer und nicht zu Unrecht geschrieben, von der Haltbarkeit ganz zu schweigen. Und fraglos ist eine Besonderheit des Youngtimer-Kults die Vorliebe für Meisterstücke des Motorenbaus.

Automobile sind Fahr- und nicht Stehzeuge. Erst in der Dynamik zeigt sich die ganze Faszination, wenn die Maschine die Schwerkraft überwindet, kraftvoll, spielerisch – ein Triumph der Technik. Und deshalb wird ein Youngtimer erst durch das richtige Aggregat geadelt. Hubraum ist da keine falsche Wahl. Turbo auch nicht – wenn es nicht anders geht.

Mehr Infos
www.viperclub.de
www.tdiclub.com

Alles im Lack?

94

Es ist Farbe im Spiel

Spielt Farbe eine Rolle? Beim Youngtimer-Kauf aber sicher. Nach einer aktuellen 2021er-Studie des Lackhersteller Axalta ist die Lackfarbe ein Schlüsselfaktor beim Kauf. Zwar reden die Profis von Neuwagen, aber die Tendenz wird beim Kauf eines Traumwagens nicht anders sein. Selbst wenn das Modell im Vordergrund steht, ein bisschen muss die Farbe passen.

Umlackieren geht zwar, aber da reden wir beim kompletten Auto von Beträgen deutlich über 5000 Euro. Und dann sehen die lackierten Innenteile natürlich immer noch furchtbar aus. Eine Neulackierung außerhalb des Herstellerprogramms kann später sogar zu Schwierigkeiten beim H-Kennzeichen führen. Deshalb beim Kauf keinen zu großen Kompromiss bei der Farbwahl eingehen.

Mit der Wunschfarbe kann es außerdem schwierig werden, wenn sie damals nicht in Mode war. So gelten Blau, Silber und Rot als die beliebtesten Farben in den 1990er-Jahren, wie eine Auswertung von wirkaufendeinauto.de ergab. Mehr als die Hälfte aller Neuwagen waren damals in diesen Farbschattierungen gespritzt. Zehn Jahre später hatte Schwarz dann Blau

Old- oder Youngtimer in Wunschfarbe? Das bieten einige Händler schon an. Die originale Farbe ist dabei kein Problem – die meisten Lackdaten sind archiviert.

Farben unterliegen Trends. Doch je exotischer, umso schwerer findet sich ein Käufer: Schwarz, Silber oder Dunkelblau geht immer.

abgelöst. Und: Die Farben waren sogar kennzeichnend für bestimmte Karosserieformen.

Andere Zeiten, andere Farben

So wurden Coupés und Limousinen vorzugsweise in roten oder blauen Tönen lackiert, Kombis eher Blau und Grün. Bei Cabrios galten Blau und Schwarz als schick, bei den ersten SUV kamen Grau und Grün gut an. Der Trend ging zu dunklen Farben, nachdem vor allem die 1970er quietschbunt gewesen waren. Die Vorlieben haben sich heute geändert, ergo muss man den Youngtimer mit den Augen von damals sehen – man sollte sich also beizeiten an Farben gewöhnen, die damals »in« waren.

Wer mit dem Youngtimer auf Wertsteigerung spekuliert oder ihn nur für eine begrenzte Zeit fahren will, sollte beim Kauf auf eine nüchterne Allerweltsfarbe achten, wie zum Beispiel Grau oder Silber – denn je knalliger die Farbe, umso kleiner die Schar der Kaufinteressenten. Ausnahmen sind nur jene Spaßmodelle, bei denen eine schrille Farbe quasi zum Statement gehört: Eine Lotus Elise zum Beispiel darf orange oder gelb sein. Beim BMW 3er-Cabrio sollte dagegen schwarz, blau oder Silber die erste Wahl sein.

Mehr Infos
www.glasurit.com
www.kwasny.com

Frauen und Youngtimer

Was für eine Frage

95

Das Youngtimer-Thema ist breit und weit, aber kann man wirklich etwas zu Frauen und Youngtimern sagen? Muss man überhaupt? Man stellt ja auch nicht die Frage, ob Katholiken Youngtimer fahren. Oder Asiaten. Ganz ehrlich, das ist auch keine Frage. Denn egal ob Männlein oder Weiblein, egal welche Religion, Tradition oder Orientierung – Youngtimer-Freunde sind Youngtimer-Freunde. Punkt. Und mehr muss man dazu nicht sagen.

Altes Blech ist längst keine reine Männerdomäne mehr. Immer mehr Frauen haben ihren Spaß bei Rallyes und Treffen. Und fahren genauso leidenschaftlich Youngtimer.

Zwar gibt es immer wieder, man möchte sagen, verzweifelte Versuche, das Thema »Frauen und Auto« zu positionieren. Volvo ließ sogar mal ein Auto von Frauen entwerfen, um es frauengerechter zu machen. Und sicher sehen Frauen Autos anders als Männer, sei es durch ihre Sozialisation oder ihren Beruf. Aber sprechen wir von Young- und Oldtimern, sind wir in einem Hobby-Bereich, bei einer Leidenschaft, bei einer Einstellung. Da sind Frauen genauso selbstverständlich wie Männer. Beim Fahren, beim Schrauben, beim Genießen.

Es gibt zwar einen Klub »Women Classic Drivers« in Hamburg. Obwohl das eigentlich nicht nötig ist, solange jeder Marken- oder Modellklub die Offenheit bietet, die selbstverständlich sein sollte. Aber gut, alles ist möglich, und hier kann Frau unter sich sein mit ihren Young- und Oldtimern. Und nicht vergessen sein sollten natürlich berühmte Frauen wie Clärenore Stinnes oder Heidi Hetzer, die mit ihrem Auto um die Welt fuhren. Was nur beweist, es hat immer Frauen gegeben, die mit Autos viel anzufangen wussten. Und das ist auch gut so.

Mehr Infos

www.womenclassicdrivers.com
www.zwischengas.com

Bella Macchina

96

Italienische Edel-Youngtimer

Die drei italienischen Top-Marken Ferrari, Lamborghini und Maserati gehören zu den Kultmarken, deren Modelle fast automatisch vom Neuwagen ins Young- und dann Oldtimeralter kommen. Jedes Modell ist so teuer und so exklusiv, dass sich jede Reparatur und/oder Restaurierung lohnt. Wobei das bei den meisten Fahrzeugen nicht nötig ist, weil es wenig gefahrene Sammlermodelle sind. Was die Youngtimer-Qualität durchaus verbessert.

Daher ist es im Grunde nicht nötig, ein spezielles Modell zu empfehlen, sondern eher ein Beratungsgespräch beim Kreditsachbearbeiter und dem Versicherungsmakler. Sollte die Portokasse groß genug sein, gestaltet sich der Kauf einer italienischen Edelmarke im zarten Alter von 20 Jahren etwas einfacher. Sonst raten wir eher ab. Und erzählen hier die Story der Österreicherin, die sich ihren Traum-Ferrari zusammensparte. Gebraucht natürlich.

Nachdem das Konto geplündert war, stand das gute Stück in der Garage und war nur zeitweilig angemeldet, weil es nicht jeden Tag für Versicherung und Benzin reichte. Der altersbedingte Zahnriemenwechsel wurde dann zur Lebenskrise. Bei allem Enthusiasmus – Leidenschaft für Youngtimer bedeutet nicht, dass man sich Leiden anschafft. Und da ein Porsche 911 (964) nicht schlechter unterwegs ist, aber Anschaffung und Ersatzteilversorgung halbwegs überschaubar bleiben, ist das am Ende die vernünftigere Wahl. Noch nicht ausgeträumt? Dann kommen hier die 1990er-Versuchungen aus Italien:

- Ferrari F355 (1994–1999)
- Ferrari F50 (1995–1997)
- Maserati 3200 GT (1998–2001)
- Lamborghini Diablo (1990–2001)

Italienische Supersportwagen haben Youngtimer-Gene

Mehr Infos
www.classic-trader.com
www.ferrari.com
www.maserati.com
www.lamborghini.com

Forever young

97 Unsterbliche Youngtimer

Obwohl Youngtimer ein Verfalldatum haben – denn 30 Jahre nach Erstzulassung werden sie faktisch zum Oldtimer, auch wenn sie ohne H-Kennzeichen umherfahren – gibt es Modelle, die sich dieser Vorherbestimmtheit entziehen. Sie sehen niemals älter aus und wirken immer wie Youngtimer, obwohl sie längst aus dem Alter heraus sind. Das macht sie in gewisser Weise unsterblich. Und das wirkt sich positiv auf den Marktwert aus. Drei Kandidaten im gesetzten Alter von 40 Jahren lassen sich identifizieren, weitere können auf Wunsch und nach einiger Überlegung nachgereicht werden.

Da wäre zum ersten der DeLorean DMC-12. Weltberühmt aus dem Film »Zurück in die Zukunft«, obwohl das Modell damals schon gar nicht mehr produziert wurde. Nur rund 9000 Stück des Edelstahl-Coupés rollten 1981/82 aus der nordirischen Fabrik, dann war Schluss. Noch heute sieht der kantige Keil mit den Flügeltüren modern aus, selbst wenn Scheinwerfer und Grill Old School sind. Aber es ist und bleibt ein Kultauto. Unsterblich wie Marty McFly.

Legendenstoff von »M« und »quattro«

In die gleiche Kategorie fällt der BMW M1. Glatt, schnörkellos, ebenfalls ein Kandidat aus der Ära der Keil-Sportwagen. Ein ganz großer Klassiker, dem man sein Alter nicht ansieht. Und der 1983 mit dem Prädikat des schnellsten deutschen Seriensportwagens geadelt wurde. Von 1978 bis 1981 wurden nur 460 Stück gebaut, nebenbei war es 1979 der teuerste Neuwagen in Deutschland. Ein Youngtimer durch und durch – wäre er nicht schon mehr als 40 Jahre alt.

Der DeLorean DMC-12 sieht mit seiner Edelstahl-Karosserie überhaupt nicht aus wie ein Oldtimer, obwohl er es altersmäßig längst ist. Ein Youngtimer forever.

Und der dritte im Bunde ist ebenfalls ein Coupé von 1980, der Audi Urquattro. Ein technologischer Meilenstein, der seine Fans schnell und längst gefunden hat. Oder sie ihn. Keine 12 000 sind entstanden, das hat die Begehrlichkeit von Anfang an hochgehalten, auch wenn er vor 20 Jahren oft noch verschleudert wurde. Das ist lange vorbei. Der quattro-Kult lebt und trifft sich in den Bergen, ein Allrad-Youngtimer, der nicht totzukriegen ist.

Mehr Infos
www.urquattro-club.de
https://bmw-m1-club.de
www.delorean-club.de

Grüne Youngtimer

98

Da geht noch was

Die Klimadebatte treibt schönste Blüten. Und die Diskussion, ob die komplette CO_2-Bilanz eines Elektromobils – von der Batterieproduktion bis zum Stromverbrauch – besser oder schlechter oder genauso ist wie die eines Verbrenner-Modells, dürfte auch noch andauern. Da fährt es sich im Young- und Oldtimer doppelt entspannt.

Erstens, weil die Besitzer dieser Autos nicht mehr zehntausende Kilometer im Jahr runterreißen. Und zweitens, weil ein Auto in der Umweltbilanz immer besser wird, je länger man es nutzt: Die energieintensive Produktion verteilt sich dann auf immer mehr Jahre. Der Umweltrechner des Bundesumweltministeriums kommt bei 3000 Kilometer Jahresfahrleistung und 10 Liter Verbrauch auf 100 Kilometer nach 13 Jahren auf einen eindeutigen Sieger – das Benzinauto weiterfahren statt ein Batteriemodell kaufen.

Doch man kann ja auch Zeichen setzen. Und zum Beispiel einen Honda Insight fahren, der seit 1999 angeboten wurde. Ein Youngtimer im zeitli-

Über Schönheit kann man streiten, aber ein Honda Insight ist ein »grüner« Youngtimer.

Vorreiter im Hybrid-Segment war der Toyota Prius. Aber Fahrspaß sieht anders aus – und fühlt sich anders an. Da wird es schwierig mit dem Youngtimer-Kult.

chen Sinne, aber es gibt immerhin einen Klub, ein kleiner Youngtimer-Kult ist also vorhanden. Schließlich handelt es sich um eines der ersten Hybridfahrzeuge, selten zu sehen, technologisch fortschrittlich. Etwas schräg.

Was immerhin ein Pluspunkt ist gegenüber dem Toyota Prius, der zwar schon 1997 auf den Markt kam und als Pionier gefeiert wurde. Aber außerhalb der Taxibranche nur wenig Freunde fand. Oder wenn, dann doch sehr spezielle im Klub der Priusfreunde.

Die fahren begeistert um die Wette: Wer braucht am wenigsten Benzin? Ganz ehrlich – das ist kein Youngtimer-Feeling. Zwar muss man nicht mit einem V8 beweisen, dass man über Nacht einen Tanklastzug leer fahren kann. Aber das stufenlose Automatikgetriebe im Prius ist alles andere als Drivestyle. Oder einer, den man nicht verstehen muss. Ja, grün geht. Youngtimer dürften sie sich auch nennen. Aber vom Kern des Themas sind sie weit entfernt. Da kann man nur die Augen zudrücken und sagen – eigene Szene, die dürfen auch spielen.

Mehr Infos

www.emobil-umwelt.de
www.insightcentral.net
www.priusfreunde.de

ADAC Youngtimer-Rallye

99

Chance für den Nachwuchs

»Back to the 90s« lautet das zutreffende Moto der ADAC Youngtimer Touren. Die werden von verschiedenen Regionalklubs – früher Gaue – angeboten und richten sich gezielt an Fahrer und Fahrerinnen von Kultautos der 1990er-Jahre. Insofern ist der ADAC hier fortschrittlicher als die sogenannte Youngtimer-Rallye Creme21, die diese Fahrzeuge gar nicht zulassen würde. Man mag es kaum glauben, aber der alte ADAC ist da so etwas wie Creme21 2.0 und hat die Zeichen der Zeit erkannt.

Und die sagen, dass es genügend Liebhaber dieser Autos gibt, die leider bei den traditionellen Oldtimer-Veranstaltungen gar nicht oder nur am Rande mitfahren dürfen. Aber nach wie vor ist es so, dass die alten Klubhasen die Nase rümpfen, wenn da junges Blech vorfährt und die Grenze spätestens 1979 gezogen wird. So wird das natürlich nichts mit der Nachwuchswerbung für die Klassik-Szene. Und daher muss man dem ADAC hier ein Kränzchen winden, dass er diese Lücke mit einem flächendeckenden Angebot füllt.

Besonders der ADAC sorgt mit seinen Youngtimer-Touren für Bewegung in der Klassikszene, die sich längst nicht mehr nur über Oldtimer definiert.

Der BMW Z1 ist war auch jüngst ins Oldtimeralter gerutscht, wirkt aber immer noch sehr Youngtimer-mäßig.

Denn es sind bereits sechs ADAC Regionalklubs, die von Norden bis in den Süden der Republik solche Ausfahrten für Fans der Neunziger anbieten:

- Hansa
- Westfalen
- Hessen-Thüringen
- Saarland
- Nordbaden
- Südbayern

Eintagestouren mit »kniffligen und lustigen Aufgaben«, wie der ADAC schreibt und damit signalisiert: Hier beugt man sich nicht dem üblichen Rallyestress mit Schlauchprüfungen und Zeitkontrollen, sondern will einfach Spaß miteinander haben. Denn es treffen sich Gleichgesinnte mit denselben Marken- und Modell-Vorlieben. Ob das nun immer was mit »Mix-Tapes, Schlaghosen und Wunderbäumchen« zu tun hat, wie der ADAC glauben möchte, sei dahingestellt. Aber es sind die Youngtimer von heute. Nur darauf kommt es an.

Mehr Infos

www.adac-motorsport.de/adac-youngtimer-tour

Next Generation

Das kommt morgen

100

Geschichte ist nie vorbei, sie schreibt sich jeden Tag neu. Und so tauchen jedes Jahr neue Youngtimer auf. Unweigerlich, denn selbst wenn man Millionen Brot-und-Butter-Modelle abzieht, die niemand bewahren will, es bleiben die Kostbarkeiten, früher hätte man gesagt: Chromjuwelen. Das nehmen wir mal nicht wörtlich, sondern im übertragenen Sinne für alle Modelle, die das Faszinosum wahrer Automobilbaukunst in sich tragen.

Wie zum Beispiel das BMW Z4 Coupé (2006–2008), intern als E86 bezeichnet, das Pendant zum Roadster E85. Es gab nur zwei Motorisierungen, einen 3.0 mit 265 PS und ein M-Coupé mit 343 PS. Was schon damals signalisierte: Hier kommt nicht ein Modell, dass sich jemand für schmales Geld als Basis-Version kaufen soll, sondern das nur für Enthusiasten gedacht ist. Es gab sogar ein Handvoll GT3-Rennwagen vom Coupé, das sehr erfolgreich war.

Doch beschränken wir uns auf die Straßenversionen, von denen nur 17 094 Stück gebaut wurden. Fahraktiv bis in die letzte Schraube, kein stilbildendes, aber polarisierendes Design, und unbedingt ein Sammlerstück.

Der Opel Speedster hat gerade die 20-Jahres-Grenze passiert und darf als Youngtimer gelten. Viel Fahrspaß und kleine Stückzahl sorgen für die passenden Rahmenbedingungen.

Mehr Youngtimer geht nicht und – die Preise sind schon jetzt recht stabil. Da sollte man sehr bald zugreifen, wenn man sich einen sichern will.

Zu teuer? Aber das sind ja noch viele andere Kandidaten wie zum Beispiel das New Beetle Cabrio ab 2003 oder das seltene Coupé RSi. Der Opel Speedster (ab 2001) auf Lotus-Basis oder der luxuriöse VW Phaeton (ab 2002), der aus jeder Ritze den Anspruch von Ferdinand Piëch spiegelt. Oder Rallye-Monster wie der Mitsubishi Evo X (ab 2009) und die achte Serie des Subaru WRX STI (ab 2007). Von den entsprechenden Sportwagen-Jahrgängen bei Porsche und Co. ganz zu schweigen. Potenzial ist reichlich da – man muss es nur entdecken.

Letzter Tipp, weil gerade auf der Straße gesehen: Smart Roadster/Roadster Coupé (2003–2005). Ein Spaßwägelchen, nur rund 43 000 Stück wurden gebaut. Und Brabus würde sie heute noch umbauen und veredeln, wenn es denn noch welche geben würde. Die Fangemeinde ist schon lange da, ein Buch gibt es auch – also, worauf warten wir noch?!

Mehr Infos

www.smart-roadster-club.de
www.zroadster.com
https://forum.opel-speedster-club.de

Der Smart Roadster hatte vom Start weg eine Fanszene und Veredler Brabus konnte gar nicht so viele bekommen, wie es Kunden gab. Youngtimer in bester Form.

Youngtimer 2.0

101

Coole Karren

Als Schlusswort eine kühne These – Youngtimer sind alles und nichts. Irgendwo angesiedelt zwischen Neuwagen und Oldtimer. Für die einen sind es nur die Autos der 1970er und 1980er. Für die anderen nur die Autos im Alter von 20 bis 30 Jahren. Kommt eine 2000er-Generation? Gibt es überhaupt noch eine echte Youngtimer-Szene? Oder sind die Youngtimer in anderen Szenen aufgegangen? Fakt ist: Es gibt keine Museen, praktisch keine Sammler, wenig Händler. Auf Messen laufen sie gern unter Tuning, sie eignen sich nur begrenzt als Wertanlage und Stückzahlen oder Handelsspannen sind nicht verfügbar. So viel weiß man eigentlich nicht über Youngtimer, denn die sind 30 Jahre lang nur Gebrauchtwagen. BBE Automotive schätzt in seiner Classic Studie von 2020, dass eine Million Autos im Alter von 15 bis 30 Jahre Liebhaber- oder Sammlerstatus haben. Doch die Schätzung allein sagt wenig.

Denn gefühlt wird immer seltener von ihnen gesprochen. Eher fabuliert, getragen von der Hoffnung, dass dort ein Markt sein muss. Die Youngtimer-Fieberkurve begann in den 1990er-Jahren, als das Altblech der 1970er-

Klassenübergreifender Drivestyle, egal welche Marke, egal wie viel PS – Fahrkultur gibt es mit allen coolen Karren, ob Old-, Young- oder Newtimer.

Jahre gerettet werden sollte. Vor 20 Jahren entstanden deshalb Youngtimer-Rallye, -Magazin und -Clubs. Doch der Schwung endete 2007, als das rote Wechselkennzeichen für Youngtimer nicht mehr gestattet war. Danach – Schweigen.

Bis vor zwei, drei Jahren sich wieder etwas regte, eine Messe hier, ein Blog da – die Youngtimer waren zurück. Nicht die Gründergeneration, sondern die Nachfolger. Im quattro-Club, im BMW-Verein, im Mercedes-Reigen. Und auf Messen. In markenoffenen Enthusiasten-IG, in der Tuning-Szene oder auf unkonventionellen Festivals. Die Szene von heute ist nicht mehr die Szene von damals. Die von damals sind heute Oldtimer, auch wenn sie sich manchmal nicht so nennen.

Die neuen Youngtimer aus den Neunzigern müssen nicht gerettet werden, weil sie weder rosten noch auf einen Nachrüst-Kat warten. Sie wirken selbst im Alter modern und funktionieren im Alltag problemlos. Vielleicht ist der »Youngtimer« überholt? Und wird vom Newtimer abgelöst, wie ihn die OCC-Versicherung nennt? Oder vom Begriff Neoklassiker für Liebhaberfahrzeuge jeden Alters bis zur Oldtimergrenze?

Braucht es überhaupt noch Youngtimer? Ja. Denn es geht um die nächste Generation automobiles Kulturgut. Muss man die noch Youngtimer nennen? Man kann, aber muss nicht. Aber man darf und sollte es, um deutlich zu machen, da ist der Nachwuchs. Und der liebt nach wie vor – coole Karren, die nichts anderes sind als moderne Youngtimer. Ein neuer Name, den bereits eine Auktionsplattform für sich gekapert hat. Zu Recht (Mehr Infos: www.coolekarren.com).

Über den Autor

1964 in Westerstede geboren; gelernter Journalist (Henri-Nannen-Schule), freier Autor und Projektbetreuer sowie Chefredakteur von OCTANE in Luzern. Der Wahl-Schweizer fährt privat zwei Old- und zwei Youngtimer. Sein erstes Auto war ein 16jähriges Opel Kadett B Coupé, sein aktueller Lieblings-Youngtimer ist ein BMW 330 Ci (E46).

Bildnachweis

Alle Bilder stammen von Ulrich Safferling mit Ausnahme von:
Umschlag: Porsche
5: Mazda; 6: Porsche; 7: Benno Grieshaber; 9: Claus Mirbach; 11: Audi; 16, 17 unten: picture alliance; 21: ADAC; 23: Mercedes-Benz; 24: Opel/Stellantis; 26: Alfa Romeo/Stellantis; 35: Audi; 36: Mercedes-Benz; 37: Michael Kleinjohann; 39/40: FIVA; 41: Technikmuseum Sinsheim Speyer; 43/44: Fiat/Stellantis; Seite 45: Mib18 - CC BY-SA 3.0; 47: BMW; 48/49: Volkswagen; 52: RM Sotheby's; 53: Bugatti; 54: Hummer; 57: Peugeot/Stellantis; 58: Opel/Stellantis; 59: Porsche; 60: Volkswagen; 64: Wikipedia/Ocean Atoll; 65: Audi; 69: Motoraver/Helge Thomsen; 70: Motoraver/Alexander Babic; 75: Chevrolet; 76: Dodge; 77/78: Essen Motorshow; 79/80: Classic Trader; 81/82: Ford; 83: BMW; 84: Wikipedia/Rudolf Stricker; 86: BMW; 87/88: Porsche; 90: Wikipedia/The Car Spy; 91: Opel/Stellantis; 93/94: Mercedes-Benz; 95: Mazda; 96: Lotus; 98: BMW; 102: picture alliance: Lapresse.Andrea Alfano/LaPresse via ZUMA Press; 103: picture alliance: Universal Pictures/ Courtesy Everett Collection; 104/105, 107: Mercedes-Benz; 109: Lamborghini; 110/111: GTÜ; 113: Lancia/ Stellantis; 115: Subaru; 116: Volkswagen; 117: picture alliance; 120: shutterstock/mekcar; 121: Classic Trader; 123: Honda; 124: Mini; 125: Peugeot/Stellantis; 127: Audi; 128: Lotus; 132: picture alliance; 133: DMAX; 138: Lancia/Stellantis; 142/143: Audi; 145: Creme21; 146/147: Jaguar; 148: Mercedes-Benz; 151: Nissan; 152: shutterstock/Vladimir Konstantinov; 153/154: Essen Motorshow; 155: Toyota; 156: Land Rover; 157: youngtimer connection; 159: TÜV Rheinland; 160: Essen Motorshow; 162: ClassicBid; 167: Volkswagen; 167: Wikipedia/Lothar Spurzem; 168: BMW; 170: Belmot/Mannheimer Versicherung; 173: Alfa Romeo/Stellantis; 175: Mercedes-Benz; 176: Belmot/Mannheimer Versicherung; 177: Mini/BMW; 178: chilterngreen.de; 179: Lamborghini; 180: Wikipedia/Thilo Parg; 182: Honda; 183: Toyota; 184/185: ADAC; 186: Opel/Stellantis; 187: Smart/Mercedes-Benz; 188/189: ADAC.

MOTORWORLD
STUTTGART
KÖLN
MÜNCHEN
HERTEN
LUXEMBOURG
Marlboro
Marlboro
Shell

Impressum

Verantwortlich: Lothar Reiserer
Redaktion: Franka Virteburch
Lektorat: Ralf J. Klumb | The Wordworms
Layout: BUCHFLINK Rüdiger Wagner

Repro: LUDWIG:media
Herstellung: Anna Katavic

Printed in Slovenia by Florjancic

Sind Sie mit diesem Titel zufrieden? Dann würden wir uns über Ihre Weiterempfehlung freuen. Erzählen Sie es im Freundeskreis, berichten Sie Ihrem Buchhändler oder bewerten Sie bei Ihrem nächsten Onlinekauf. Und wenn Sie Kritik, Korrekturen oder Aktualisierungen haben, freuen wir uns über Ihre Nachricht an GeraMond Media GmbH, Postfach 40 02 09, D-80702 München oder per E-Mail an lektorat@verlagshaus.de.

Unser komplettes Programm finden Sie unter www.geramond.de

Alle Angaben dieses Werkes wurden vom Autor sorgfältig recherchiert und auf den neuesten Stand gebracht sowie vom Verlag geprüft. Für die Richtigkeit der Angaben kann jedoch keine Haftung übernommen werden, weshalb die Nutzung auf eigene Gefahr erfolgt.

In diesem Buch wird aus Gründen der besseren Lesbarkeit das generische Maskulinum verwendet. Weibliche und anderweitige Geschlechteridentitäten werden dabei ausdrücklich mitgemeint, soweit es für die Aussage erforderlich ist.

Die Deutsche Nationalbibliothek verzeichnet diese Publikation in der Deutschen Nationalbibliografie; detaillierte bibliografische Daten sind im Internet über http://dnb.d-nb.de abrufbar.

ISBN 978-3-95613-120-2